信息系统协会中国分会(CNAIS)

U0148652

信息系统学报

CHINA JOURNAL OF INFORMATION SYSTEMS

第7辑

清华大学出版社

北　京

图书在版编目(CIP)数据

信息系统学报. 第 7 辑 / 清华大学经济管理学院编.--北京：清华大学出版社，2011.1
ISBN 978-7-302-24648-0

Ⅰ.①信… Ⅱ.①清… Ⅲ.①信息系统－丛刊 Ⅳ.①G202-55

中国版本图书馆 CIP 数据核字(2011)第 003761 号

责任编辑：贺　岩
责任校对：王荣静
责任印制：杨　艳

出版发行：清华大学出版社　　　　　　　　地　　　址：北京清华大学学研大厦 A 座
　　　　　http://www.tup.com.cn　　　　邮　　　编：100084
　　　　社　总　机：010-62770175　　　邮　　　购：010-62786544
　　　投稿与读者服务：010-62776969，c-service@tup.tsinghua.edu.cn
　　　　质　量　反　馈：010-62772015，zhiliang@tup.tsinghua.edu.cn
印　装　者：北京国马印刷厂
经　　　销：全国新华书店
开　　　本：205×282　印　张：7　字　数：177 千字
版　　　次：2011 年 1 月第 1 版　　　印　　　次：2011 年 1 月第 1 次印刷
印　　　数：1～2200
定　　　价：30.00 元

产品编号：041491-01

主 编 单 位　清华大学（经济管理学院）

副主编单位　北京大学（光华管理学院）　　　　复旦大学（管理学院）
　　　　　　　　哈尔滨工业大学（管理学院）　　　西安交通大学（管理学院）
　　　　　　　　中国人民大学（商学院）

参 编 单 位　北京大学（光华管理学院）　　　　北京航空航天大学（经济管理学院）
　　　　　　　　北京理工大学（管理与经济学院）　大连理工大学（管理学院）
　　　　　　　　电子科技大学（管理学院）　　　　东南大学（经济管理学院）
　　　　　　　　复旦大学（管理学院）　　　　　　哈尔滨工业大学（管理学院）
　　　　　　　　合肥工业大学（管理学院）　　　　华中科技大学（管理学院）
　　　　　　　　南开大学（商学院）　　　　　　　清华大学（经济管理学院）
　　　　　　　　上海交通大学（安泰经济与管理学院）　天津大学（管理学院）
　　　　　　　　同济大学（经济与管理学院）　　　武汉大学（信息管理学院）
　　　　　　　　西安交通大学（管理学院）　　　　中国科技大学（管理学院）
　　　　　　　　中国人民大学（商学院、信息学院）　中南大学（商学院）
　　　　　　　　中山大学（管理学院）

通 讯 地 址

北京市清华大学经济管理学院《信息系统学报》编辑部，邮政编码：100084。

联系电话：86-10-62773049，传真：86-10-62771647，电子邮件：CJIS@sem. tsinghua. edu. cn，网址：http://cjis. sem. tsinghua. edu. cn。

《信息系统学报》审稿专家

信息系统学报

（第7辑）

目　录

China Journal of Information Systems

CONTENTS

主 编 的 话

2009年5月30—31日,第八届武汉电子商务国际大会在武汉举行。本届大会由中国地质大学(武汉)电子商务国际合作中心、中国地质大学(武汉)管理学院、美国 Alfred 大学商学院等联合主办,由国内外多个院所共同协办。信息系统协会中国分会(CNAIS)等作为支持单位。本届会议包括大会主题发言和7个分会场论文宣读与交流,还举办了企业电子商务应用与高校专业人才培养论坛、研究论文出版专题研讨会、灾害管理信息技术专题研讨会、电子医疗专题研讨会4个专题研讨会,展示了当今现代管理和技术领域的国际发展新趋势以及企业界关心的热点话题。共有458篇论文被大会文集收录,并在会议上进行了报告交流。本书从此次大会的文集中遴选了部分稿件,邀请作者进行进一步扩展,并经过一轮新的评审和修改,形成了本辑学报(第7辑)中的3篇论文。其中,彭建平(中山大学)的论文从企业能力观的视角,探讨了企业 IT 应用水平的衡量问题;朴哲范和沈莉(浙江财经学院)的论文从知识资产的视角,讨论电子商务企业价值评价;张千帆和汪敏(华中科技大学)的论文则以实证手段研究了即时通讯产品的用户选择及继续使用行为。

本辑学报的其他6篇论文涵盖了多种不同的研究议题和研究方法。其中,饶李、陈智高(华东理工大学)的论文对信息系统关键成功因素和知识转移关系进行了实证研究;左美云等(中国人民大学)就知识转移机制问题进行了规范分析;邱凌云(北京大学)的论文以综述的形式,对国际信息系统研究者群体的地域分布及合作模式进行了综合性的展示和分析;赵昆(云南财经大学)的论文从科学哲学和研究方法论的角度,对信息技术接受模型的相关研究工作提出了新的见解。此外,林培旺等(电子科技大学)的论文讨论了网格环境下虚拟企业信息系统中的单点登录问题;蒋忠中等(东北大学)则就电子中介中多属性商品交易匹配模型与算法研究等问题进行了分析。

我们希望这些文章能够在促进科学探讨、启发创新思维、分享学术新知等方面继续发挥应有的作用。同时希望《信息系统学报》得到大家的更多关注并刊登更多高水平的文章。谨向关心和支持《信息系统学报》的国内外学者同仁及各界人士致以深深的谢意。同时感谢参与稿件评审的各位专家的辛勤工作,并感谢清华大学出版社在编辑和出版过程中的耕耘和努力!

主　编　陈国青

副主编　黄丽华　李　东　李一军　毛基业　王刊良

2010 年 12 月于北京

基于企业能力观的企业 IT 应用水平研究[*]

彭建平

（中山大学管理学院，广州　510275）

摘　要　本文在构建企业制度和控制能力对企业 IT 应用水平影响的理论模型基础上，通过调研和实证分析，检验了提出的假设理论模型，探讨了企业制度能力和控制能力要素间内在关系以及对企业 IT 应用水平产生影响的内在机理，分析了两种能力如何影响企业 IT 应用水平提升路径，从而提出了企业抓好制度和控制能力的培育和建设，是推动企业 IT 应用水平提升，实现企业信息化的关键所在。

关键词　制度能力，控制能力，IT 应用水平，模型校验

中图分类号　C931.6

1　文献综述

为什么现实生活中同类型的企业绩效存在差异？是什么因素导致了这种差异？我们的研究从影响企业的关键能力要素出发，探讨企业的管理控制能力、管理制度构建能力与企业 IT 应用水平的关系，以揭示这三者关系之间相互作用的机制；企业的管理制度构建能力和管理控制能力是构成企业核心能力的关键要素；企业的信息技术应用水平的高低是企业降低管理成本、提升企业绩效的有效手段。因此，如何通过管理制度的构建能力和控制能力的提升，促进企业 IT 应用水平的改善，值得深入研究。本文的研究对象，在以下的论述中简称为：制度能力和控制能力。

对企业制度的研究，有学者从制度经济学开始，对制度的概念做出了定义（李国民，2004；科斯，1996）。近几年来对于企业制度的变迁与创新的研究众多，如 Hans Jansson(2007)研究企业制度与绩效或其他因素的关系等。对于企业管理制度对 IT 应用的影响研究也有大量报道，如 Salmeron 等(2006)从制度的角度分析 IT/IS 行业的中小企业（SMEs）同行业同构化问题。制度理论作为 IT/IS 相关领域研究的理论和解释基础，证实了中小企业在执行 IT/IS 所遇到的产业压力，有助于进一步理解、采纳和使用 IT/IS。Gajendran 和 Brewer(2007)从组织文化角度分析 ICT（信息和通信技术）在建筑行业的应用情况，运用德菲尔法得出组织文化是 ICT 实施成功的关键因素。Weiling 等(2008)讨论了组织文化和高层领导对 ERP 实施的影响，认为 ERP 实施成功与否与组织文化相关。高层领导可以通过战略与战术行动影响组织文化，培养一种有利于 ERP 实施的组织文化。Antonio(2008)通过研究文化、信息系统以及开发和使用过程三者之间的关系发现企业在开发信息系统和使用信息系统的过程中会受到组织文化的影响，同时这个过程不仅会形成使用结果，而且会形成"信息"文化。可以说，企业制度作为一个企业内部的管理因素，正在受到越来越多的学者及管理人员重视。然而现有的研究多数还是集中于制度产生、功能、结构和迁移等方面，对于一些现有制度的评价主要是针对企业

---

* 基金项目：国家社会科学基金(08AJY038)和国家自然科学基金(70872117)。

通信作者：彭建平，中山大学管理学院副教授。E-mail：mnspjp@mail.sysu.edu.cn。

内部的控制制度和财务制度的评价(杨会君,2005；祝桂玲,2006)。而对于如何评价企业管理制度构建能力的研究还不多。

对企业控制的研究,主要集中在企业内部控制、会计控制与管理控制。内部控制按其内容领域分为管理控制与会计控制(梅耶,1998)。本文研究企业管理控制能力。20 世纪 Anthony 便开始对管理控制的概念下定义,并且以预算把组织目标分解为部门或个人的绩效目标；以业绩评价计量实际绩效并与预算目标比较；以管理报偿机制对绩效偏差进行纠正,形成安东尼管理控制系统(David Otley, 2003；David Otley,1995)。国外学者也对管理控制系统包括的因素及内容作了研究,其中有以人员控制与结果控制为维度的,有从财务、非财务与成员的社会化进程三个方面测评的(Habib Mahama, 2006；Sally K. ,2004；Ahuja M. K. ,2003)。国内学者主要从内容上对管理控制进行研究,包括对预算控制、决策过程控制、资金管理控制、市场营销管理控制、人力资源控制系统等(王相洲,2003；张先治,2003)。

从以上文献综述可以看出,目前对于企业制度和管理控制这两个内部管理要素对企业的影响研究已经相当深入,但是直接研究企业管理制度能力和控制能力对于企业 IT 应用水平的研究却不多见,实证方面的研究更少。这些研究局限为本文研究企业管理制度与控制能力的测量模型,以及通过计量模型对三者关系进行实证研究提供研究契机。

2　研究设计

本文将探讨企业管理制度能力和企业控制能力对企业 IT 应用水平的影响。其中,IT 应用水平是指企业应用信息技术的广度和深度两方面的成熟程度(肖静华,2007)；企业制度只限定显性的管理制度以及从组织层面上构建管理制度的能力,着重点关注在一定历史条件下形成的规定、规程和行动准则。企业管理制度能力是指企业多种具体管理制度的抽象,具体指企业在制定、执行和完善制度时表现出来的能力；企业管理控制能力是指企业为了实现有效运营,对企业人力资源、财务和经营活动的有效控制。

2.1　研究假设

企业 IT 应用水平会影响企业的生产效率、组织结构、管理能力等,同时企业制度、管理控制能力等内部因素也会对企业信息化进程产生作用。如果企业缺乏完备的制度,管理主要依赖个人的经验,则信息技术的应用将缺乏有效的基础。内部要素配置不明、委托—代理关系混乱的企业,其企业信息化将无法达到预期的效果。而一个企业的管理制度是否完备就是其管理制度构建能力的体现。有学者研究表明企业现有的管理制度现状是影响企业信息化关键影响因素之一(延长波,2006)。因此,本文提出的**假设 1：企业制度能力对企业 IT 应用水平存在正向影响**。即企业的制度能力越强,IT 应用水平越高。

张先治(2003)在研究企业内部管理控制体系时提出了制度控制系统是管理控制系统的一部分,另外也有学者认为管理控制的其中一种模式是制度控制模式。企业的制度能力是企业减少不确定性的能力,而控制能力体现在制度的执行过程中。强有力的控制能力是制度能力的另外一种表现形式。因此,企业的制度能力和控制能力存在一定的关系。所以,本文提出**假设 2：企业制度能力对企业控制能力存在正向影响**。

Prodromos 等(2009)通过对 IT/IS 实施风险及其对公司绩效的影响研究,发现影响 IT 风险的是协作与信息完全性而并非生产力,而 IT 实施的风险因素如管理能力,信息整合,控制能力和排外主义对业务绩效有显著的影响。其中计划和项目管理的能力在很大程度上体现了一个企业内部管理控制的能力。现实生活中企业的控制能力越强，对 IT 应用的需求就越高。因此，本文提出研究假设 **3**：**企业控制能力对企业 IT 应用水平有正向影响。**

现实中，制度能力越强，对企业的控制能力越强，控制能力的强化，会产生更多的 IT 需要，来固化企业制度，有效控制企业运营，从而带动企业 IT 应用水平的提升。

综合上述三个研究理论假设，我们可推导出研究理论模型（参见图 1）。

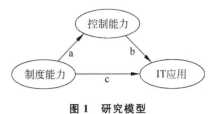

图 1   研究模型

2.2 测量模型设计

本文在进行变量指标设计时，尽量采用前人研究量表。但是，由于所研究问题与其他学者的出发点不同，因此，在借鉴前人量表的基础上做了一定的修改，以适应本文的研究。下面是对三个研究变量测量模型进行设计，如表 1 所示。

表 1   各变量指标

变　量	指　标
制度能力(x_1)	制度制定(x_{11})
	制度执行(x_{12})
	制度完善(x_{13})
管理控制能力(x_2)	人力资源控制(x_{21})
	预算控制(x_{22})
	运营控制(x_{23})
IT 应用水平(y)	基础应用(y_1)
	管理支持(y_2)
	人机协同(y_3)

（1）企业制度能力测量

首先是制度能力的测量，我们从制度经济学入手，对本文所研究的企业制度测量作一个界定，即为企业的管理制度，而非产权制度。郭咸纲（2004）是从管理能力入手，其中，系统地将企业制度能力分为制定、执行、完善能力三个方面，对制度能力进行评估，但指标过于复杂和缺乏统计校验。哈佛商学院教授对于企业经营制度的描述：年度经营方针（前线机能）、实施活动（现在机能）和控制（后线机能）。郭咸纲对企业制度的评价与哈佛商学院对于企业经营制度的描述有一定的类似。从整个企业的管理制度上来说前线机能即为制度制定系统，现在机能即为制度执行系统，而后线机能即制度的完善系统。因此，本文对于企业制度能力的测度，从制度制定、制度执行和制度完善三个指标进行测度。

（2）管理控制能力测量

我们在对内部控制、会计控制与管理控制进行分析的基础上，明确了管理控制的含义（David Otley，2003；David Otley，1995），在此基础上明确企业管理控制应包含的内容，最后再进行量表的设计。国外有学者提出管理控制包括财务、非财务与社会化进程三方面（Habib Mahama，2006）。也有学者认为管理控制的测度分为人员控制和结果控制两大内容（Sally K，2004）。国内学者在总结与借鉴西方管理控制理论精华的基础上，结合我国目前经济体制和经济环境，针对管理控制的环境、内容要素、控制方式、基本程度这四个方面对管理控制系统做了较为全面的研究（王相洲，2003；张先治，2003），指出管理控制的内容要素包括人力资源控制系统、财务价值控制系统、作业控制系统、管理信息系统等。由于本文将信息技术应用水平单独作为一个变量，因此对管理控制的研究从人力资源控制能力、财务预算控制能力及运营控制能力三个指标入手来测度企业的管理控制能力。

（3）IT应用水平测量

国内外对于企业信息化测评的研究较多，肖静华（2007）提出六个维度的指标体系，并通过了实证研究。然而测量模型的六个维度具有很高的相关性（肖静华，2007），因此，可以根据研究的需要对测量模型进行简化，通过探索式因子分析（EFA），可把企业IT应用水平的测量维度归纳为基础应用、管理支持、人机协同三个维度。

为了验证本文所提出的假设，我们需要对企业制度能力、控制能力及企业IT应用水平进行测量，针对表1中提出的9个二级指标设计了40个问题的问卷。平均每个指标由4~5个问题来测度，指标的得分为相应测量项目（问题）得分的平均值，而变量得分则为相应指标得分的平均值。问卷由基本信息、填写说明与测度问题组成。测度问题采用5点尺度法，包括IT应用水平、企业制度能力、企业控制能力三个变量的测度。

为了保证问卷能有更高的信度与效度，使问卷更加科学，提问形式更易为被访者理解。我们于2007.10—2007.12时间段，对惠州的31位企业中高层管理人员进行了面对面访谈，对问卷中的部分问题进行了适当修改，形成本次研究的正式问卷。

2.3　样本收集统计检验

数据收集采用问卷调查形式进行，共分为两个阶段。

第一阶段为2007年11月，我们在中山大学管理学院的一个MBA课程班进行了小规模的问卷发放，收集该部分数据进行预检验。本次共发放问卷45份，回收45份，问卷回收率为100%；其中有效问卷40份，问卷有效率为88.9%。针对这40份问卷进行信度与效度检验，并在此基础上进行第二阶段大规模的样本发放与收集。

第二阶段的样本收集时间为2007年12月至2008年2月，通过现场发放问卷，电子邮件等形式进行。问卷回答者选择具有超过三年工作经验的在职MBM学生或企业的中层管理人员。2007年12月本人在中山大学管理学院的两个MPM班发放了106份问卷，共收回106份，问卷回收率为100%，其中有效问卷92份，问卷有效率为86.8%，这一形式收集的数据多为珠江三角洲地区的企业；另外通过电子邮件发放问卷55份，回收48份，回收率为87.3%；其中有效问卷45份，有效率为93.7%，这一形式收集的数据多为长江三角洲地区的企业。第二阶段累计发放问卷161份，回收153份，总回收率为95%；有效问卷为137份，问卷有效率为89.5%。利用第二阶段的137份问卷作为研究样本数据。

在回收的137份有效问卷中，从所在行业看，制造业50家，服务业及其他行业87家，制造业所涉及行业包括电子、快速消费品、机械、家电、纺织、建筑、钢铁；服务业涉及行业包括贸易、金融、通信、商旅、IT服务、运输、传媒等。从企业性质看，国有企业48家，外资企业29家，民营及合资企业60家。

（1）信度分析

信度检验是测试问卷是否具有一定的稳定性和一致性的有效分析方法，我们采用 α 系数来估计变量的内部一致性。结果表明，企业管理制度能力的 α 系数为0.84，管理控制能力的 α 系数0.79，IT应用水平的 α 系数为0.91；同时在每个指标的CITC值均在0.5以上，表明研究方案具有较高的信度（参见附件）。

（2）效度分析

效度是指测量工具能正确反映所要测量的概念的程度，即测量的准确性，本文采用因子分析方法来做效度分析。企业管理制度能力、管理控制能力及 IT 应用水平的 KMO 值均大于 0.7,检验的显著水平为 0.000,因此均适合进行因子分析和主成分分析。对于主成分分析如果解释总方差大于 60%,就意味着有较好的结构效度,从附件中的主成分分析结果来看,企业制度体系、管理控制能力、IT 应用水平三个变量均具有较高的结构效度,如表 2 所示。

表 2　相关性矩阵

	制度构建能力	企业控制能力	企业 IT 应用水平
企业制度体系	1		
管理控制能力	0.778***	1	
IT 应用水平	0.578***	0.590***	1

注：*** 1%水平下显著,** 5%水平下显著,* 10%水平下显著。

样本数据通过信度和效度分析和检验,是我们进一步开展计量分析研究的基础,在下面的研究中我们应用线性回归模型和结构方程分别对假设模型进行分析,对影响 IT 应用水平的路径进行检验。

3　数据分析与讨论

3.1　相关分析

从表 2 可以看出企业的管理控制能力与企业制度能力之间的相关系数为 0.778,表明两者之间有很强的正相关性。企业控制能力与 IT 应用水平之间的相关系数为 0.590,表明两者之间有较强的相关性,从表中同样可以看出企业制度能力与 IT 应用水平之间也有较强的正相关性。

3.2　线性回归分析

假设制度能力(x_1)和控制能力(x_2)与企业 IT 应用水平(y)存在线性关系,应用 SPSS13 对模型进行统计估计得表 3。从表 3 可知,两种能力对企业 IT 应用水平具有显著影响,但从标准系数来看,两种能力对 IT 应用水平的影响差异不大,说明企业在关注如何提升 IT 应用水平时,应当同时关注两种能力的培育和强化。

表 3　线性回归结果

	系　数	标　准　系　数
常数项	1.007***	
β_1	0.348***	0.342
β_2	0.334***	0.329
R^2	0.383	
Adj R^2	0.374	
F-statistic	41.547***	
$y=\beta_0+\beta_1 x_1+\beta_1 x_2+\varepsilon$		

注：*** 1%水平下显著,** 5%水平下显著,* 10%水平下显著。

从表 3 可知企业的制度能力和控制能力与企业的 IT 应用水平正相关。但企业这两种能力是如何影响 IT 应用水平和它的各个维度,需要深入讨论。我们用信息技术应用水平的测量维度对企业两种能力进行回归分析,模型如方程组(1)。

$$\begin{cases} y_1 = \beta_{10} + \beta_{11} x_1 + \beta_{12} x_2 + \varepsilon_1 \\ y_2 = \beta_{20} + \beta_{21} x_1 + \beta_{22} x_2 + \varepsilon_2 \\ y_3 = \beta_{30} + \beta_{31} x_1 + \beta_{32} x_2 + \varepsilon_3 \end{cases} \tag{1}$$

假设信息技术应用水平的各方面都受到两种能力因素的影响，但同一能力因素对信息技术应用水平的不同方面的影响可能不同，同时同一企业内的信息技术应用水平各方面可能有相互影响，因此假设模型中的各估计方程的扰动项在同一个个体内存在相关。由于各方程的解释变量相同，那么OLS 也能得到有效的估计，估计结果见表 4。

表 4　模型的回归结果（OLS 估计）

	基础应用 y_1	管理支持 y_2	人机协同 y_3
常数	0.959***	1.181***	1.248***
制度能力 x_1	0.333***	0.361***	0.241***
控制能力 x_2	0.390***	0.023**	0.374***
R^2	0.362	0.271	0.237
F-statistic	38.063***	24.967***	20.800***

注：*** 1%水平下显著，** 5%水平下显著，* 10%水平下显著。

从表 4 的回归结果我们可知，企业的 IT 应用水平受到制度能力和控制能力的影响，其中制度能力与控制能力对 IT 应用水平的影响相当，说明企业对两种能力的重视程度差异很小，但企业两种能力对 IT 应用水平的三个维度影响却有所不同，其中，制度能力大于控制能力对企业 IT 应用水平的管理支持维度，说明目前在中国制度能力强弱对 IT 应用水平中的管理支持维度有很强支持作用。管理制度能力是企业的核心能力，是企业有序运营的基础。而信息技术为管理制度嵌入到系统中提供了技术支持。

企业的控制能力对 IT 的应用水平中的人机协同维度的影响大于制度能力的影响，但两种能力对人机协同的维度影响相差不是很大。在 IT 应用水平中人机协同是反映系统是否容易让公司雇员接受和采纳、是否具有灵活性的重要指标。如果企业本身具有强的控制能力，必然引发对信息技术应用提出更高的需求，如引入自动信息采集设备、库存监控和管理软件等，由此，大大提高 IT 应用水平或现有 IT 资产的利用率。

通过回归分析，我们接收三个假设。同时，从回归方程中我们看出当企业的两种能力做得很好的时候，IT 应用水平是 4.4。这说明两个问题，首先，制度和控制能力解释企业的 IT 应用水平的能力很大；其次，IT 应用水平达不到最大值说明其能力对 IT 应用水平有一定的影响。因此，企业在提升 IT 应用水平时，不但需要重点培育制度能力和控制能力，还要关注其他能力的培育。

3.3　影响路径分析

对于关键因素的影响路径分析或概念模型分析，许多学者习惯于使用 Amos 或 Lisrel。但是一些学者在研究中忽视了区分测量模型中存在 Formative 和 Reflective 问题，从而导致了测量模型的错误使用（Petter et al.，2007）。目前 Amos 17.0 或 Lisrel 软件不能对 Formative 问题进行讨论。由于本研究其对象测量模型是一个 Formative 问题，因此，选用 SmatPls 2.0 对提出的假设模型进行验证，从图 2 可知，模型主要路径参数估算显著。其结构方程模型中的 $R^2 = 0.384$ 和 0.678。我们提出的理论假设与数据相匹配。

从总体来看，制度能力和控制能力对企业 IT 应用水平具有显著影响，同时还发现制度能力通过

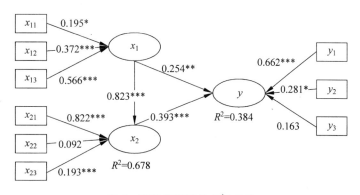

图 2   研究模型整体参数估计

注：*** 1% 水平下显著，** 5% 水平下显著，* 10% 水平下显著。

控制能力也能对 IT 应用水平产生影响，但是其传递路径是否存在显著影响，我们借助 Sobel(1982) 提出的 z 检验方法来检验 $a \times b$ 是否显著。该方法认为：如果 $z > 1.96$ 我们可以说中介效果在 0.05 水平上显著，有关 z 的计算公式为

$$z = \frac{a \times b}{\sqrt{b^2 s_a^2 + a^2 s_b^2}}$$

式中 a 和 b（参见图 1）是路径载荷，s_a 和 s_b 是对图 2 中估计值 a 和 b 的标准方差。运行 SmartPLS2.0 可获得：$a = 0.823$，$b = 0.393$，$s_a = 0.04$，$s_b = 0.168$。把统计值带入 Sobel(1982) 的 z 检验模型，并计算得 $z = 2.325$。由于计算出的 z 值大于 1.96，因此，我们可以获得结论：制度能力通过控制能力间接地对企业 IT 应用水平的影响路径具有显著影响。

3.4   结果讨论

实证结果对我们提出的理论模型进行了校验，说明企业的制度能力和控制能力对企业的 IT 应用水平存在显著的正向影响。然而，我们如何通过这种正相关关系提升或促进企业的信息化应用水平？传统提升企业信息化应用水平主要是从影响信息技术应用水平本身的维度出发，重硬件轻软件，并且忽视管理核心能力和管理要素的培育。表面上看 IT 应用所投入的基础资源多，但实际上信息技术的应用水平与国外企业相比效率低下，IT 应用水平不高。其主要原因是企业本身的管理能力不足，如管理制度的构建能力和管理控制能力落后，这导致大量 IT 投入达不到预期效果。

本研究所校验的理论模型，从一个角度揭示了 IT 应用水平的提升应该从企业本身的管理制度和控制能力出发，使企业能够认识这两种能力的培育不仅仅是企业管理能力的培育，而且是应用信息技术构建自己核心能力的培育。如果企业管理制度和控制能力强，一方面会对 IT 应用产生更多的需求；另一方面可通过 IT 技术"固化"制度和流程，由此，推动企业通过 IT 应用走向制度规范化，控制自动化和生产标准化之路。

制度能力和控制能力的相关性说明这两种能力具有相互影响的能力，这两种能力对企业 IT 应用能力的影响有所不同。在图 2 中，控制能力对 IT 的影响大过制度能力对 IT 应用水平的影响。我们可以理解为控制能力越强的企业对 IT 的需求越大，由此，对 IT 应用水平要求越高。而制度能力指的是企业管理制度的构建能力，它是通过管理控制过程来反映对 IT 应用水平影响的。企业的制度和控制都可以通过信息技术来实现，以降低企业管理的不确定性。因此，我们要提升企业的 IT 应用水平可以通过企业制度和控制能力的提升来实现。

制度能力对企业 IT 应用水平的影响存在两条路径，一条是直接影响，另外一条是间接影响，其间

接影响路径系数大于直接影响路径系数 $a \times b > c$，说明制度能力通过对控制能力的影响会对企业 IT 水平产生更大的影响。

4 研究结论与不足

通过问卷发放，并对研究问题的量化、计量分析和研究模型整体路径分析我们发现制度能力和管理控制能力对企业 IT 应用水平存在显著影响。而制度能力通过控制能力对 IT 应用水平也存在显著影响，这种传递影响路径系数大于制度能力直接对 IT 应用水平产生的影响。同时，企业的两种能力对 IT 应用水平的不同维度的影响具有差异。

研究表明企业制度与控制能力的提升是推动企业 IT 应用水平提升的关键路径。本研究所提出的理论模型，以及通过实证对模型的校验，说明了企业在信息化过程中需要注意对本企业制度能力和管理控制能力的培育和建设，这样将更有利于信息化的推进与提升。同时，企业信息化建设中，不能一味追求单一因素的改进，从经济学的边际效用递减，以及边际成本递增的规律来看，当一个因素达到一定程度之后，要想再获得单位收益，所付出的成本将比原先大得多，因此，推动企业信息化应用水平，要从多个视角进行考虑，包括企业文化建设、领导对先进技术的认知等。如果企业仅仅只停留在对信息技术本身的认识上，企业的 IT 应用能力就很难提升到更高层次。

本研究与任何研究一样存在局限性。主要表现在：第一，样本主要分布于长江三角洲及珠江三角洲地区，样本的地域代表性不够强；第二，没有考虑行业和企业规模对研究的影响等。这样的研究结论必然不够全面。当然，我们希望在今后的研究中加以改进。

参 考 文 献

[1] 郭咸纲. G. 当量——关于管理最优境界理论的研究的探索[M]. 广东：广东经济出版社，2004.
[2] 梅耶著，陈传明译. 管理控制[M]. 北京：商务印书馆，1998.
[3] 科斯. 财产权利与制度变迁[M]. 上海：上海三联书店，1996.
[4] 李国民. 融资制度的概念界定与功能分析[J]. 青海师范大学学报(哲学社会科学版)，2004，1：20-25.
[5] 李怀祖. 管理研究方法论[M]. 西安：西安交通大学出版社，2004.
[6] 王相洲. 管理控制论[D]. 大连：东北财经大学，2003.
[7] 彭建平，谢康. 企业管理制度能力评价模型及其有效性研究[J]. 科技管理研究，2010，30(03)：37-39.
[8] 温忠麟，张雷，侯杰泰等. 中介效应检验程序及其应用[J]. 心理学报，2004，36(5)：614-620.
[9] 肖静华，谢康. 企业 IT 应用水平评价模型及实证研究[J]. 信息系统学报，2007，1 (1)：60-78.
[10] 杨会君. 企业内部控制制度及其评价[J]. 理论界，2005(01)：168.
[11] 延长波，施梦，张佳. 企业信息化关键影响因素的典型相关分析[J]. 吉林大学学报(信息科学版)，2006，5 (24)：535-541.
[12] 张先治. 建立企业内部管理控制系统框架的探讨[J]. 财经问题研究，2003(11)：70-71.
[13] 祝桂玲. 企业内部控制制度设计与评价[J]. 现代企业教育，2006(17)：36-27.
[14] Ahuja M K, Galvin J E. Socialization in virtual groups[J]. Journal of Management, 2003(29)：161-185.
[15] David O, Jane B, Anthony B. Research in management control：An overview of its development[J]. British Journal of Management, 1995,6(s1)：S31.
[16] David O. Management control and performance management：whence and whither? [J]. The British Accounting Review, 2003, 35(4)：309-326.
[17] Hans J, Martin J, Joachim R. Institutions and business networks：A comparative analysis of the Chinese, Russian, and West European markets[J]. Industrial Marketing Management, 2007, 36：955-967.

[18] Habib M. Management control systems, cooperation and performance in strategic supply relationships: A survey in the mines[J]. Management Accounting Research, 2006,17(3): 315-339.

[19] Hitt L M, Wu D J, Zhou X. Investment in ERP: Business impact and productivity measurement [J]. Journal of Management Information System, 2002, 19(1): 71-98.

[20] Prodromos D C, Anastasios D D. IT/IS implementation risks and their impact on firm performance[J]. International Journal of Information Management, 2009, 29(2): 119-128.

[21] Sally K W. An empirical investigation of the relation between the use of strategic human capital and the design of the management control system. Accounting[J]. Organizations and Society, 2004, 29: 377-399.

[22] Sobel M E. Asymptotic Confidence Intervals for Indirect Effects in Structural Equation Models, in Sociological Methodology[B], S. Leinhardt (ed.), San Francisco: Jossey-Bass, 1982: 290-313.

[23] Stacie P, Detmar S, Rai A. Specifying formative constructs in information systems research[J]. MIS Quarterly, 2007,31(4): 623-656.

The Impact of Enterprise Institutional and Control Capability on Information Technology Application Maturity

PENG Jianping

(School Business, Sun Yat-Sen University, Guang Zhou, 510275)

Abstract On the basis of the theory model of enterprise institutional and control capability, which has been constructed in the paper, the model has been certified by the empirical research. The relation and mechanism of institutional and control capability to the impact of IT application maturity have been discussed. IT application maturity is improved through we promote the two capability. It is very critical for enterprises to realize informationalization.

Key words Institutional capability, Control capability, IT application maturity, Model certify

作者简介：

彭建平,中山大学管理学院副教授。主要研究方向：企业信息化、流程管理、IT 项目管理。

附件　管理制度能力、控制能力和 IT 应用水平测量指标的信度和效度分析

附表 1　制度能力信度和因子载荷

测 量 指 标	因子 1	因子 2	因子 3	因子命名	信度
人性化	—	—	0.512	制度制定	0.882
文化力	—	—	0.545		
前瞻性	—	—	0.745		
延续性	—	—	0.880		
时效性	—	—	0.525		
系统性	—	—	0.560		
权威性	—	0.713	—	制度执行	0.840
独立性	—	0.722	—		
指令性	—	0.694	—		
平等性	—	0.766	—		

续表

测 量 指 标	因子1	因子2	因子3	因子命名	信度
监督系统	0.838	—	—		
评价系统	0.741	—	—		
调整方法	0.702	—	—	制度完善	0.896
应变性	0.622	—	—		
创新性	0.753	—	—		
转置后特征值	3.655	3.606	3.099	总信度 $\alpha=0.84$	
累计解释方差（%）	24.370	48.411	69.068		

附表2　企业控制能力信度因子载荷

测 量 指 标	因子1	因子2	因子3	因子命名	信度
员工满意度	0.820		—		
人员稳定性	0.610	—	—		
培训与发展	0.782	—	—	人员控制	0.86
员工工作情况	0.799	—	—		
内部沟通	0.780	—	—		
财务重视情况	—	—	0.861		
财务完成情况	—	—	0.743	预算控制	0.82
财务分析与反馈及时性	—	—	0.407		
服务及时	—	0.812	—		
质量控制	—	0.642	—	运营控制	0.86
成本控制	—	0.694	—		
转置后特征值	3.742	2.596	1.853	总信度 $\alpha=0.79$	
累计解释方差（%）	31.187	52.822	68.264		

附表3　企业IT应用能力信度和因子载荷

测 量 指 标	因子1	因子2	因子3	因子命名	信度
技术先进性	—	0.755	—		
技术完备性	—	0.703	—		
技术扩展性	—	0.581	—		
技术安全性	—	0.575	—	基础应用	0.903
数据标准化	—	0.666	—		
数据准确性	—	0.741	—		
数据及时性	—	0.534	—		
运营质量支持	0.729	—	—		
运营监控支持	0.780	—	—		
运营智能化支持	0.768	—	—		
职能管理质量支持	0.633	—	—	管理支持	0.888
职能管理监控支持	0.624	—	—		
职能管理智能化支持	0.593	—	—		
IT部门战略地位	0.627	—	—		
易用性	—	—	0.735		
有用性	—	—	0.752	人机协同	0.794
灵活性	—	—	0.642		
转置后特征值	4.500	4.250	3.474	总信度 $\alpha=0.91$	
累计解释方差（%）	22.500	43.748	61.119		

基于结构方程模型的信息系统关键
成功因素和知识转移关系实证研究*

饶李，陈智高

（华东理工大学商学院，上海 200237）

摘 要 本文基于理论分析，归纳出 7 个影响跨组织知识转移和信息系统成功的因素，提出了 8 条假设。使用主成分分析法，由 7 个因素的观测变量构造出 3 个因子变量，构建了描述这些因子、跨组织知识转移和信息系统成功等三类变量之间关系的结构方程模型。由此，通过实证分析，验证假设和结构方程模型，结果表明高层领导支持、项目管理、用户培训、外部支持、组织文化等 5 个因素对信息系统相关知识的跨组织转移存在正面的影响，知识转移因素对信息系统的成功有正向作用，并进一步得出组织与管理、跨组织知识转移是信息系统获得成功的两个最主要关键因素的结论。

关键词 结构方程模型，信息系统，关键成功因素，知识转移

中图分类号 F276.6

1 引言

信息系统支持企业活动，减少企业运作成本，提高企业运营效率，是一种现代化的管理手段。然而，信息系统的成功率很低，它的失败会给组织带来很大的损失，因此，信息系统的成功及其影响因素……究领域的长期话题之一[1]。信息系统的关键成功因素指组织为了获得高绩效，必须给……关注的管理问题[2]，是在信息系统生命周期各阶段都要特别注意的，对信息系统成功有……素。

……信息系统成败问题的研究出现在 20 世纪末知识管理兴起后。其中，从知识转移切入……来学者们所关注的热点[3]。已有研究表明知识转移是现代企业构建信息系统并获得成……的重要手段。知识转移不畅是造成其他成败影响因素的根本原因之一[4]。如果企业能……识转移，信息系统的成功率会有较大幅度的提高。

……转移的角度分析信息系统成功，具体研究信息系统关键成功因素、知识转移、信息系……量间的关系。文章组织如下：第一部分重点阐释信息系统关键成功因素和知识转移……分是研究设计，包括假设的建立、变量的测量；第三部分是结构方程建模、检验与分……结论和意义。

……统关键成功因素和知识转移关系的分析

……知识转移是专业知识在人与人之间的传播过程，通过知识转移，组织可以有效提高人

……高，华东理工大学，教授，博士生导师。E-mail：zgchen@ecust.edu.cn。

力资源水平进而获得竞争优势[5]。Dong-Gil（2005）在对 ERP 实施中的实施顾问与实施方之间的知识转移研究中，将知识转移定义为知识接受方与知识源之间的知识交流，通过交流，接受方能学习和应用得到的知识[6]。本文探讨的知识转移主要是信息系统整个生命周期中企业用户和系统提供方、咨询方之间的知识转移。转移的知识包括 IS 知识、系统提供方和咨询方提供的技术知识，专家疑难解答的知识、企业提供的需求和反馈等。

综合已有研究成果，本文选取高层领导支持、项目管理、用户培训、交流合作、外部支持、组织文化、信息系统集成这七个关键成功因素，从定义出发具体讨论它们在信息系统中所发挥的作用，讨论它们如何影响信息系统的资源配置、信息系统的规划实施、组织成员对信息系统的理解；如何影响知识转移的绩效，是否和知识转移的主体及主体间关系、知识转移的情境相关，从而找出信息系统关键成功因素、知识转移和信息系统成功三者的关系。

（1）高层领导支持因素

Slevin（1987）定义高层领导支持为高层领导为促进项目成功提供必要资源和权威的意愿[7]。已有研究认为高层领导对信息系统的重视、了解和参与是 IT 应用中最重要的成功因素[8]，高层领导的支持直接影响到信息系统的成功[9]。然而，高层领导也通过知识转移间接影响信息系统的成功。高层领导的态度是鼓励知识转移的关键[10]。高层领导对 IS 的态度影响了其他管理者吸收和共享知识的能力[11]。

（2）项目管理因素

一个有效的项目管理应该包括五个方面：正确的实施计划，实际的项目规划，定期的项目会议，支持项目的领导以及项目团队[12]。信息系统的实施大多以项目形式进行。良好的项目团队协作需要成员相互交流，共享知识，尤其是经验类的隐性知识。项目运作到一定阶段，项目团队转化为跨组织网络作为一定的机制长存，这有利于用户和服务商在系统运行与维护阶段进行知识转移[4]。

（3）用户培训因素

用户培训包括对高层领导和部门领导的培训，对项目实施小组的培训和对各部门业务管理人员的培训[13]。组织通过大量的培训促进知识转移，加强变革力度。培训的目的就是为了把 IS 管理新思想、新方法融入用户工作中，实现用户对转移知识的再运用。

（4）交流合作因素

交流包括期望交流和项目进程交流等有目的、有效的交流。对员工而言，交流的内容涵盖项目计划、范围、目标、活动和更新[14]。对用户而言，交流的内容包含客户需求、反馈和支持[15]。知识转移的绩效受交流技术的影响，若交流顺畅，知识转移的能力将大大提高[16]。Joshi 和 Sarker 等（2005）发现交流是对知识转移的绩效起决定性作用的因素之一，对于善于交流的成员而言，转移的知识量与团队的凝聚度成正比[17]。知识源和知识接受方间的交流合作必然影响到知识转移。

（5）外部支持因素

外部支持既包括系统提供方的支持又包括咨询方的支持[18]。系统提供方、咨询方和用户间的关系是组织间知识转移的影响因素之一。Dong-Gil（2005）在对企业系统实施过程中咨询方和用户之间知识转移的研究中发现双方欠佳的关系对知识转移有显著的影响[6]。这种影响在实施工作完成后依旧存在。

（6）组织文化因素

文化是一种基本的思想，它由既定的团体发明、发现、发展并作为一种正确方式，被组织成员应用于理解、思考和处理外在的适应问题和内在的整合问题[19]。组织文化影响并决定哪些知识被转移，知识转移双方的关系和知识转移的情境[20]。企业知识转移受组织文化的影响，其整体 IT 项目的成功与促进有效知识转移的文化相联系[20]。有利于知识转移的组织文化所必需的是允许犯错的宽松环境，能形成"组织松弛"为员工学习提供足够的时间和空间。企业内部是否存在一个鼓励共享的文化比专门设计一套转移机制对知识转移的影响更明显[17]。组织文化还通过知识创新和知识存储间接影响知识转移[16]。

　　（7）信息系统集成因素

　　信息系统集成从集成深度上讲包括数据、信息系统和业务流程的集成[21]。系统集成涉及 ERP、数据仓库、企业内网和外网等,其目的是为了使系统保持一致,业务流程顺畅以及信息一致,支持管理决策的制定[22]。也就是说信息系统集成的目标就是为了支持信息共享、知识共享,利于知识在企业内及企业和外界的整合。

3　结构方程模型构建

3.1　假设的建立

　　鉴于上面的理论分析,这 7 个关键成功因素要么和跨组织知识转移主体相关,要么和知识转移情境相关,都影响到知识转移的效果,间接证明知识转移和信息系统成功之间关系的存在。

　　本文提出 8 个假设:

　　H1：高层领导支持影响跨组织知识转移。

　　H2：项目管理影响跨组织知识转移。

　　H3：用户培训影响跨组织知识转移。

　　H4：交流合作影响跨组织知识转移。

　　H5：外部支持影响跨组织知识转移。

　　H6：组织文化影响跨组织知识转移。

　　H7：信息系统集成影响跨组织知识转移。

　　H8：跨组织知识转移影响信息系统成功。

3.2　模型变量的测量

　　本文采用问卷的方式搜集数据,为确保观测变量的信度和效度,问卷的设计主要借鉴已有的测量方法及理论。具体的问卷项目及其理论依据见表 1。该问卷包括信息系统成功、知识转移和 7 个关键成功因素的 9 个潜变量以及 24 个观测变量。其中,信息系统成功的观测变量最多,共 5 个,信息系统集成的观测变量仅有 1 个,故需考虑删去或与其他项目合并。本文采用李克特 5 级量表来度量这些变量,要求回答者以 1~5 之间的数字来衡量和问题的吻合情况,1 表示完全不吻合,5 表示完全吻合,2~4 表示中间状态。

表 1　问卷项目及其理论依据

因　　素	观测变量	观点出处
信息系统成功	按计划完成	陈智高,马玲,刘红丽(2007)[4]
	系统有用性	Delone,Mclean(2003)[23]
	商业价值	Delone,Mclean(2003)[23]、Markus,Axline,Petrie,Tanis(2000)[1]
	易于升级	Markus,Axline,Petrie,Tanis(2000)[1]
	系统满意度	Delone,Mclean(2003)[23]
跨组织知识转移	服务商对用户	陈智高,马玲,刘红丽(2007)[4]、关涛(2006)[24]
	用户对服务商	陈智高,马玲,刘红丽(2007)[4]

续表

因　　素	观 测 变 量	观 点 出 处
高层领导支持	合理设置目标	Grover(2007)[11]
	合理配置资源	王剑敏,廖振鹏,徐青等(2007)[25]、Thong,Yap,Raman(1996)[26]
项目管理	时间与成本控制	张喆,黄沛,张良(2005)[12]、本文观点
	跨组织网络	陈智高,马玲,刘红丽(2007)[4]
用户培训	培训费用	Murray,Coffin(2001)[27]
	培训时间	张喆,黄沛,张良(2005)[12]
	培训内容	本文观点
交流合作	非正式会议	Nah,Zuckweiler,Lau(2003)[28]、本文观点
	电子渠道	Nah,Zuckweiler,Lau(2003)[28]、本文观点
	交流合作难易度	本文观点
外部支持	系统提供方支持	Thong,Yap,Raman(1994)[25]、左美云(2004)[29]
	咨询方支持	左美云(2004)[28]
组织文化	各部门同等重要	本文观点
	部门内合作度	Ifenedo(2007)[30]
	部门间合作度	Ifenedo(2007)[30]
	文化开放性	本文观点
信息系统集成	信息系统集成	Mendoza 等(2006)[22]

4　结构方程模型的实证分析

4.1　样本分析

根据预调研对问卷进行修正后,以应用信息系统的企业员工为调查对象,采用简单随机抽样的方式抽取样本,通过邮件和 IT 论坛发帖方式发放调查问卷,实收问卷 98 份,在剔除缺省值过多或出现过多连续相同值等异常样本后得到有效问卷 89 份。

表 2 列出了样本属性及其分布情况。样本涉及多个主要行业,以 IT 服务业为主(43%)。企业规模较广的对称分布于年收入 5 亿元人民币上下。这些企业较多的应用了 ERP 系统(47%)、不少应用了 CRM 系统和电子商务系统(20%、18%)。样本分布在信息系统生命周期的各阶段,运行中、启用前后、实施中各占 40%、22%、36%。调查对象中男性和女性各占 54%和 46%,技术岗位居多(43%),其次是管理和营销岗位。在职务上,兼有高中层和技术人员,其中 IT 技术人员占 35%。

表 2　样本属性及其分布

属　　性		分　　布
企业	行业	制造 11、IT 服务 38、金融 11、其他服务 13、其他 15
	规模	年收入 5 亿元人民币及以上 34、以下 38、不明 17
	IS 种类	ERP 系统 42、CRM 系统 18、电子商务系统 16、其他 23
	IS 阶段	早年启用 36、上年启用 3、实施后期 17、实施早中期 32
个人	性别	男 48、女 41
	岗位	技术 38、管理 13、营销 12、生产 3、其他 20
	职务	高层 2、中层 12、IT 技术 31、其他 40

由表2可知,本实证研究的样本范围具有较广泛的分布,样本所在行业、规模和应用的信息系统都有一定的代表性,尤其在信息系统生命周期各阶段上分布较均匀。

4.2 测量模型分析

结构方程模型包括两组基本模型:结构模型代表潜在外生变量和潜在内生变量之间的关系;测量模型代表潜变量和观测变量之间的关系。

(1)问卷信度

采用内部一致性法测量量表的信度以确定问卷的设计质量,以克隆巴赫系数是否大于0.7作为判断内在一致性是否合格的标准。交流合作的克隆巴赫系数远低于0.7,故在以后的分析中删去。而其他关键成功因素,知识转移和信息系统成功的克隆巴赫系数接近或大于0.7,故都被保留。

(2)因子分析

为了简化结构方程模型,减少潜变量数,本文使用SPSS软件统计包对除交流合作外的6个关键成功因素进行探索性因子分析,按照主成分分析法和方差最大正交旋转法,抽取特征值大于1的主成分,共提取了3个因子。表3为旋转后的因子提取结果。KMO检验样本量对于因子分析是否够大,该因子分析的KMO值为0.86,说明基于该样本做因子分析是可行的。

根据因子载荷矩阵,可以看到3个构造变量:

构造变量1——组织与管理,包括合理设置目标、合理配置资源;时间与成本控制、跨组织网络。

构造变量2——培训与外部支持,包括培训费用、培训时间、培训内容;系统提供方支持和咨询方支持。

构造变量3——组织文化,包括各部门同等重要、部门内合作度、部门间合作度、文化开放性以及信息系统集成。

表3 旋转后的因子提取结果

成　　分	1	2	3
合理设置目标	0.240	0.130	0.630
合理配置资源	0.192	0.182	0.809
时间与成本控制	0.120	0.121	0.841
跨组织网络	0.285	0.294	0.581
培训费用	0.008	0.729	0.442
培训时间	0.096	0.853	0.124
培训内容	0.310	0.736	0.179
系统提供方支持	0.477	0.472	0.312
咨询方支持	0.336	0.628	0.112
各部门同等重要	0.517	0.417	0.051
部门内合作度	0.765	0.247	0.113
部门间合作度	0.829	0.100	0.218
文化开放性	0.808	0.167	0.291
信息系统集成	0.719	0.124	0.241

(3)构造变量的信度和效度

对构造变量内在一致性的判断可以通过可靠性分析,要求修正的个项—总量相关系数大于0.50。结果中只有跨组织网络修正的个项—总量相关系数小于0.5,故删去它。效度依赖信度,因而交流合作的效度将不再讨论。效度揭示了观测变量与构造变量的关系。构造变量上的因子负载量都大于0.5,观测变量和构造变量间的关系都是统计显著的,构造变量的收敛效度较好。

（4）观测变量的分布

观测变量分布的检测结果中,部门内合作度的偏态绝对值为 0.686,大于偏态方差 0.255 的两倍,信息系统集成的偏态绝对值为 0.470 也接近偏态方差 0.255 的两倍,据此不认为这两个变量服从正态分布,故删去。

4.3 结构方程模型分析

研究模型的实证分析使用 AMOS 软件。在对观测变量调整后,为了使模型更加理想,根据实际情况添加观测变量间的协相关关系,如培训费用和培训时间的关系;同时调整构造变量间的关系,考虑到培训作为知识转移的途径,也可以看成是模型的一个中介变量,据此修正模型。计算得出的修正模型拟合指标如表 4。

表 4 修正模型的拟合指标

指标	df	χ_2	χ_2/df	RMSEA	RMR	CFI	GFI	AGFI	IFI
拟合值	108	186.027	1.722	0.091	0.079	0.904	0.809	0.729	0.907

从整个模型的拟合情况上看,卡方和自由度之比小于 3,RMSEA 的值为 0.091 符合小于 0.1 的标准,IFI,CFI 均大于 0.90,GFI 为 0.81 在容忍范围即大于 0.80 的范围内,RMR 不能符合小于0.050 的要求,AGFI 偏小于 0.80 的下限要求。模型符合结构方程模型拟合指标七项要求中的五项,基本符合一项,不符合一项,整体模型的拟合程度较好。

标有因素之间路径系数和因素观测变量负载的结构方程模型如图 1 所示,路径系数代表了变量之间的影响大小。表 5 将路径及其统计显著性绘制成构造变量间关系统计结果。

表 5 构造变量间关系统计结果

路　　径			非标准化回归系数	标准化回归系数	P 值	显著性检验 P<0.1
培训与外部支持	←	组织与管理	0.434	0.505	0.005	成立
培训与外部支持	←	组织文化	0.369	0.331	0.042	成立
跨组织知识转移	←	培训与外部支持	0.402	0.405	0.013	成立
跨组织知识转移	←	组织文化	0.422	0.381	0.019	成立
信息系统成功	←	组织与管理	0.475	0.532	<0.001	成立
信息系统成功	←	跨组织知识转移	0.507	0.485	<0.001	成立

从结构模型中潜变量间的参数估计可以看出,在 0.05 的显著性水平下,各个内生潜变量之间的关系具有统计显著性。首先,由于高层领导决定培训的资金投入,项目管理决定培训时间等的安排,因此组织与管理越有效,培训效果也越好(路径系数＝0.505);而当培训与外部支持效果越好时,跨组织知识转移效果也越好(路径系数＝0.405),因此高层领导支持、项目管理、用户培训、外部支持均和跨组织知识转移正相关。组织与管理和信息系统成功的路径系数高达 0.532,说明组织与管理对信息系统成功影响很大。端正高层领导对信息系统的态度,改善项目管理,加大培训力度能促进跨组织知识转移,提高信息系统成功可能性。其次,组织文化对跨组织知识转移有正向的影响(路径系数＝0.381),开放合作性的文化能为知识转移提供良好的氛围。最后,跨组织知识的转移使得用户掌握信息系统的相关知识,促使信息系统成功(路径系数＝0.485)。

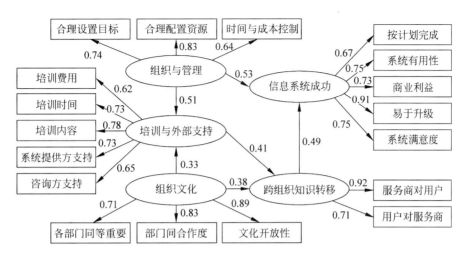

图1 通过拟合的结构方程模型图

变量间的总影响是某个变量对另外一个变量的间接影响与直接影响之和。研究因素的影响,需要从总体效果上考虑。变量间的总影响的归纳见表6。

表6 变量间的总影响表

	组织文化	组织与管理	培训与外部支持	知识转移	信息系统成功
培训与外部支持	0.331	0.505			
知识转移	0.515	0.204	0.405		
信息系统成功	0.250	0.631	0.196	0.485	

表6中,组织文化影响培训与外部支持的总效果为0.331,是统计显著的,组织与管理影响培训与外部支持的效果为0.505,也达到了显著意义。

组织文化、组织与管理、培训与外部支持对跨组织知识转移的总效果在0.20到0.52之间。按影响大小对影响知识转移的因素排名,第一是组织文化,第二是培训与外部支持,第三是组织与管理。组织文化和培训与外部支持直接影响知识转移,组织与管理通过培训与外部支持间接影响知识转移。假设6、假设3、假设5、假设1、假设2通过了检验。

组织文化、组织与管理、培训与外部支持、跨组织知识转移影响信息系统成功的总效果在0.19到0.64之间,按影响大小对信息系统影响因素排名,第一是组织与管理,第二是知识转移,第三是组织文化,第四是培训与外部支持。组织与管理的重要程度与学者们的研究结论相一致,高层领导支持和项目管理一直都是排在前三位的两个关键成功因素,它们对信息系统的影响以直接影响为主。跨组织知识转移的影响排到了第二位,这说明知识转移对信息系统成功的影响很大,仅略小于高层领导支持和项目管理的影响总和,并且该影响也是直接的,假设8通过了检验。组织文化和培训与外部支持虽然对信息系统成功都是间接效应,但对信息系统成功的影响也是显著的。现有的研究对组织文化的作用强调不多,组织文化需要得到重视。表7总结了本文假设的验证结果。

表7 假设的验证结果

标 号	假 设	检 验 结 果
H1	高层领导支持影响跨组织知识转移	支持
H2	项目管理影响跨组织知识转移	支持

续表

标　号	假　　设	检验结果
H3	用户培训影响跨组织知识转移	支持
H4	交流合作影响跨组织知识转移	无法判定
H5	外部支持影响跨组织知识转移	支持
H6	组织文化影响跨组织知识转移	支持
H7	信息系统集成影响跨组织知识转移	无法判定
H8	跨组织知识转移影响信息系统成功	支持

5　结论和意义

5.1　研究结论

本文对 8 条假设的实证研究支持其中 6 条假设成立，即高层领导支持、项目管理、用户培训、外部支持、组织文化等 5 个因素对信息系统相关知识的跨组织转移存在正面的影响，知识转移因素对信息系统的成功有正向作用。通过主成分分析法构造出的 3 个变量，从另一个更合理的维度，验证了组织与管理、培训与外部支持、组织文化的水平会显著的正面影响跨组织知识转移的效果，这 4 个变量对信息系统成功有显著的正向作用关系。同时，还发现组织与管理、组织文化这 2 个变量，会通过培训与外部支持变量间接的影响知识转移，进而再间接的影响信息系统成功。

一个成功的信息系统表现在按计划完成，符合企业实际需求、有期望的商业价值和足够的满意度，易于应企业的发展变化而升级。其中易于升级是最主要的成功表现，这可以理解为一个在运行与维护阶段能为适配新需求而持续改进的信息系统才是真正成功的系统。

服务商和企业用户之间有效的信息系统相关知识双向转移，尤其是服务商向用户的知识转移，对信息系统取得成功有显著的积极作用。跨组织知识转移不只是系统实施阶段的任务，在系统运行与维护阶段，双向的知识转移依然重要且有其特殊性。

由高层领导支持和项目管理构成的组织与管理，具体落实到设置合理的系统目标、合理配置项目资源，以及项目时间与成本的控制。这些工作的水平，对信息系统成功有显著的直接的正向作用，同时良好的组织与管理也会有获得有效的培训效果和外部支持。

部门间良好的认同感和合作、开放的组织文化有利于用户和系统提供方、咨询方建立良好的关系，创造知识转移的宽松环境而对知识转移的效果产生直接的正面影响，同时也能通过培训工作的促进，更好地接收外部支持而间接地提高跨组织知识转移成效。

系统及其应用知识的培训效果可以由培训的投入、培训的时间和内容安排来体现。在企业专注于主业和强调自身核心能力建筑的趋势下，信息系统的建设和运维越来越依赖于外部服务商，包括系统提供方和咨询方等的支持。有效的培训和外部支持将有利于服务商和企业之间的知识转移，使员工更好地掌握信息系统及其应用的知识，认识系统会给组织和个人带来积极的效应而促使信息系统获得成功。

本文未能判定交流合作、信息系统集成两个因素影响跨组织知识转移的假设。本文设计的交流合作因素由非正式会议、电子渠道、交流合作难易度等 3 项观测变量测量，未能包含其完整的内涵，这应该是克隆巴赫系数远低于 0.7，无法判定相关假设是否成立的主要原因之一。但交流合作的水平对跨组织知识转移效果的正面影响，在较多的已有研究中得到了验证。信息系统集成因素实际上成为观测变量，该变量和组织文化因素的部门间合作观测变量，因样本数据不服从正态分布而被舍去。由此可见,本文实证研究的观测变量设计和问卷设计有待改进。

5.2 研究意义

本文在以下三个方面,对信息系统、知识管理、企业组织与管理多领域的交叉融合做了有益的探索,拓展了信息系统成败机理理论。

(1)对于跨组织知识转移、信息系统成功及其影响因素 3 类变量,以往的研究主要是两两变量之间关系的分析,方法上以简单的统计方法和回归分析方法为主。本文将知识转移作为中介变量,采用结构方程建模方法,研究了 3 类变量之间的关系。

(2)基于理论分析归纳出 7 个影响知识转移效果的因素,以及知识转移与信息系统成功的关系,提出了 8 条假设。基于主成分分析法,由测量这 7 个影响因素的一组观测变量,构造出了 3 个因子。由此,本文同时从两个维度分析和论证了跨组织知识转移、信息系统成功,及其影响因素 3 类变量之间的关系。

(3)验证和支持了已有研究的结论,即高层领导支持[10-11]、项目管理[4,12]、用户培训[13]、外部支持[6,18]、组织文化[16,17,19,20]等 5 个因素的水平对跨组织知识转移效果、进而对信息系统成功具有正面的影响。进一步的得出了组织与管理,跨组织知识转移是信息系统获得成功的两个最主要关键因素的结论。

本文研究结论的实践意义主要在于能为企业信息系统的成功建设和应用提供理论指导和操作策略。

首先,企业高层领导要给以持续的支持,重视信息系统建设的项目管理,设置合理的目标,优化资源配置,保证培训资金和时间的投入,安排科学合理的培训内容。企业应该注意到在专注主业和强调自身核心能力建筑的趋势下,信息系统的成功越来越依赖于外部服务商,包括系统提供方和咨询方等的支持,因此需要建设开放的组织文化,加强与服务商之间、部门之间的合作关系。

其次,企业要明白组织与管理、培训与外部支持、组织文化等都会通过知识转移而间接地影响信息系统的成功,如果知识转移不到位,那么这些工作的成效将被打折扣。这也就要求企业主动与服务商交互,刻意地做好双方之间信息系统相关知识的双向转移。

最后,企业必须认识到信息系统的成功与否展现在信息系统的整个生命周期,在各个阶段都应该持续地做好以上会影响信息系统成功的各项工作。在信息系统的运维阶段,尤为关键的是要继续发展与服务商之间的协作关系,以及内部各部门之间的合作关系,为运维知识的有效转移,进而为确保信息系统的适配性,充分发挥其应有的价值效应构筑有利的前因。

参 考 文 献

[1] Markus M L, Axline S, Petrie D, Tanis S C. Learning from adopters' experiences with ERP: Problems encountered and success achieved[J]. Journal of Information Technology, Dec 2000, 15(4): 245-265.

[2] Boynton A C, Zmud R W. An assessment of critical success factors[J]. Sloan Management Review, Summer 1984, 25(4): 17-27.

[3] 谭大鹏,霍国庆. 知识转移对企业 ERP 实施成效的影响——基于中国制造业的实证研究[J]. 科研管理. 2007, 28(5): 66-75.

[4] 陈智高,马玲,刘红丽. 信息系统的成败与生命周期中知识转移的适配性[J]. 信息系统协会中国分会第二届学术年会. 昆明: 云南科技出版社, 2007: 81-86.

[5] Hargreaves D. Knowledge management in the learning society: Developing new tools for education policy-making [C]. Copenhagen: Forum of OECD Education Ministers, 2000: 13-14.

[6]　Dong-Gil K，Kirsch L J，King W R. Antecedents of knowledge transfer from consultants to clients in enterprise system implementations[J]. MIS Quarterly，2005，29(1)：59-85.

[7]　Slevin D，Pinto J. Balancing strategy and tactics in project implementation[J]. Sloan Management Review，1987，(3)：33-44.

[8]　吴瑞鹏，陈国青，郭迅华. 中国企业信息化中的关键因素[J]. 南开管理评论，2004，7(3)：74-79.

[9]　Sabherwal R，Jeyaraj A，Chowa C. Information system success：Individual and organizational determinants[J]. Management Science，2006，52(12)：1849-1864.

[10]　Wick C，Leon L S. The Learning Edge：How Smart Managers and Smart Companies Stay Ahead[M]. New York：McGraw-Hill，1993.

[11]　Grover S K. How the internal environment impacts information systems project success：An investigation of exploitative and explorative firms[J]. Journal of Computer Information Systems，2007，48(1)：63-75.

[12]　张喆，黄沛，张良. 中国企业 ERP 实施关键成功因素分析：多案例研究[J]. 管理世界，2005，(12)：137-143.

[13]　杨皖苏，严鸿和. 影响我国企业成功实施 ERP 系统的主要原因分析[J]. 科学管理研究，2001，(1)：46-49.

[14]　Sumner M. Critical success factors in enterprise wide information management systems projects[C]. Proceedings of the Americas Conference on Information Systems，New Orleans，1999：297-303.

[15]　Rosario J G. On the leading edge：Critical success factors in ERP implementation projects[J]. Business World，2000，May：17-27.

[16]　Palanisamy R. Organizational culture and knowledge management in ERP implementation：An empirical study [J]. Journal of Computer Information Systems，2008，48(2)：100-120.

[17]　Joshi K D，Sarker S，Sarker S. The impact of knowledge，source，situational and relational context on knowledge transfer during ISD process[A]. Proceedings of the 38th Hawaii International Conference on System Sciences[C]. 2005.

[18]　Davenport T H，Lawrence P. Working Knowledge：How Organizations Manage What They Know[M]. Cambridge：Harvard Business School Press，1998.

[19]　Schein E. Three cultures of management：The key to organizational learning[J]. Sloan Management Review，1996，38(1)：9-20.

[20]　KarlsenJ T，Gottschalk P. Factors affecting knowledge transfer in IT projects[J]. Engineering Management Journal，2004，16(1)：3-10.

[21]　李纲，魏泉. 基于协同理论的企业信息系统集成框架[J]. 中国图书馆学报，2006，(6)：61-64.

[22]　Mendoza L E，Pérez M，Grimán A. Critical success factors for managing systems integration[J]. Information Systems Management，2006，23(2)：56-75.

[23]　DeLoneW H，McLean E R. The DeLone and McLean model of information systems success：A ten-year update [J]. Journal of Management Information Systems，Spring 2003，19(4)：9-30.

[24]　关涛. 跨国公司内部知识转移过程与影响因素的实证研究[M]. 上海：复旦大学出版社，2006.

[25]　王剑敏，廖振鹏，徐青，廖为宏. ERP 项目中高层管理支持对用户参与影响的实证研究[J]. 重庆大学学报. 2007，13(4)：44-49.

[26]　Thong J Y L，Yap C S，Raman K S. Engagement of external expertise in information systems implementation [J]. Journal of Management Information Systems，1994，11(2)：209-231.

[27]　Murray M，Coffin G. A case study analysis of factors for success in ERP system implementations[C]. Proceedings of the Seventh Americas Conference on Information systems，Boston，2001：1012-1018.

[28]　Nah F，Zuckweiler K M，Lau J. ERP implementation：Chief information officers' perceptions of critical success factors[J]. International Journal of Human-Computer Interaction，2003，16(1)：5-22.

[29]　左美云. 企业信息化主体间的六类知识转移[J]. 计算机系统应用，2004，(8)：72-74.

[30]　Ifenedo P. Interactions between organizational size，culture and structure and some IT factors in the context of ERP success assessment：An exploratory investigation[J]. Journal of Computer Information Systems，Summer，2007，47(4)：28-44.

Relationship between Critical Success Factors of Information System and Knowledge Transfer: An Empirical Study Based on Structural Equation Modeling

RAO Li, CHEN Zhigao

(School of Business, East China University of Science and Technology, Shanghai 200237)

Abstract　This paper summarizes relative researches in seven critical factors of information systems' success and cross-organizational knowledge transfer, and proposes eight hypotheses. After identified three factor variables from those observed variables of seven critical factors using principal component analysis, the structural equation model is built which describing relationship between three factor variables, cross-organizational knowledge transfer and the success of information systems. Through the empirical analysis, verification of hypotheses and structural equation model, the results show that the five factors, support from senior leader, project management, user training, external support and organizational culture, have positively influences on information systems related knowledge transfer, and then, knowledge transfer has a positive effect on the success of information systems. It can come to the conclusion that the organization and management, cross-organizational knowledge transfer are the key factors in the success of information systems.

Key words　Structural equation modeling; Information system success; Critical success factors; Knowledge transfer

作者简介：

饶李(1984—　　)：女,安徽安庆人,华东理工大学,硕士研究生。研究领域：信息系统,E-mail：roger3233@sina.com。

陈智高(1953—　　)：男,上海杨树浦人,华东理工大学,教授,博士生导师。研究领域：信息系统与知识管理,E-mail：zgchen@ecust.edu.cn。

知识转移机制的规范分析：过程、方式和治理[*]

左美云¹，赵大丽²，刘雅丽³

（1,3 信息学院，1,2 商学院，中国人民大学，北京　100872）

摘　要　要研究知识转移，就要研究知识转移发生的各种方式，即知识转移机制。学者们由于关注的视角不同，对知识转移机制的理解也不同，因而目前有关知识转移机制的研究显得很混乱。本文在文献分析的基础上，采用规范分析的方法建立了一个规范的知识转移机制模型。该模型将知识转移机制分为三个方面：一是知识转移的过程机制，即知识是如何一步步从一个主体转移到另一个主体的；二是知识转移的方式机制，即知识转移过程中具体采用什么样的转移方式，以及如何选择和组合这些转移方式；三是知识转移的治理机制，即知识转移过程中各步骤的事件是如何被激发或管理的。论文对知识转移的机制类型进行了清晰的梳理和规范化研究，使得不同的研究能够清晰地找到各自的位置，从而有助于知识转移研究在现有的基础上走向深入。

关键词　知识转移，知识转移过程，知识治理，知识转移方式，机制

中图分类号　C931.6

1　引言

知识转移是指一个主体（如个人、团队、部门、公司）向另一个主体转移知识的过程[1,2]。由于知识转移是知识得以广泛应用和进一步创新的先决条件，因此一直受到产业界和学术界的重视。学术界研究知识转移的文献比较多，研究的层次覆盖了跨边界的转移、组织内部的转移、团队之间的转移和个人之间的转移[2]。

知识转移机制指的是知识转移如何发生的方式[3]，它是研究知识转移的基础。然而，由于学者们的关注视角不同，对知识转移机制的理解也不同。有些学者从知识转移的过程出发，将知识转移机制研究定位为知识在两个主体之间转移所经历的阶段或步骤；有些学者从知识转移的方式出发，将知识转移机制研究定位为知识在两个主体之间传递的具体实现方式；有些学者从知识转移的治理出发，将知识转移机制研究定位为知识转移的激励制度、组织文化等治理机制研究。

以上多个不同角度的研究，如果不经梳理，会让希望站在前人肩膀上继续深入研究的学者感到很混乱。那么，能否建立一个规范的知识转移机制模型，使得不同角度的研究都能够清晰地找到各自的位置？能否对现有林林总总的知识转移过程机制、方式机制和治理机制研究分别建立对应的规范模型，从而有利于知识转移研究的深入呢？本文试图解决这两个问题。

论文共分六部分，第二部分是对规范分析方法和本文的整体研究框架进行阐释，接着在文献分析

---

* 基金项目：国家自然科学基金资助项目，项目名称：企业信息系统演进中跨项目知识转移的机制、影响因素与效果评价；项目负责人：左美云；项目编号：70971130。中国人民大学研究生科学研究基金项目资助，项目名称：IT项目团队的知识治理机制研究，项目负责人：赵大丽；项目编号：10XNH137。

通信作者：左美云，男，中国人民大学信息学院教授，E-mail：zuomy@ruc.edu.cn。

和规范分析的基础上，第三部分建立了知识转移过程机制的统一模型，第四部分建立了知识转移方式机制的统一模型，第五部分建立了知识转移治理机制的统一模型，最后一部分是全文的总结。

2 研究方法和框架

2.1 规范分析方法

规范分析（Normative analysis）和实证分析是常用的两种研究方法。与采用案例分析、问卷调查等方法来研究和回答"事实是什么"的实证分析不同，规范分析需要研究者根据对研究对象的内在机理或逻辑理解的基础上做出主观价值判断，力求回答"应该是什么"。

规范分析是知识管理研究中的重要研究方法之一。有关知识管理的研究，大体上可以分为两大类：一类是希望得到一个规范的模型，以适用于任何情境下的组织或个人。这类研究需要很好的抽象性，一般得到的是一个统一的指导模型。虽然这方面的研究成果比较少，但影响深远。例如学者 Gold 等人将知识管理的能力分为基础能力和流程能力（其中基础能力分为技术性、结构性、文化性三种基础能力，流程能力分为知识获取、知识转换、知识利用和知识保护四种流程能力）[4]。另一类是希望得到一个在具体情境下的理论模型，以适用于特定情境下的组织或个人。这类研究需要很好的假设描述。这方面的研究成果很多，从不同的角度丰富和发展了知识管理学科[5]。

2.2 知识转移及知识转移机制的内涵

要研究知识转移机制，需要先弄清楚知识转移的内涵。借鉴文献[1, 2]对知识转移的定义，我们认为，知识转移是这样的一个过程，即两个主体（如个人、团队、部门、公司）在一定的环境下采用一定的机制，转移知识并取得相应的效果。显然，转移的效果反过来会对两个主体产生影响。因此，可以用图 1 清晰地显示知识转移的含义。

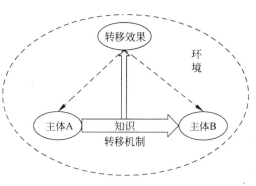

图 1　知识转移的含义模型

从图 1 可看出，知识转移机制指的是两个主体间知识转移如何发生的方式[3]。这些"方式"多种多样，既可指知识转移所经历的阶段或步骤，也可指知识在两个主体之间传递的具体实现方式，还可指有效实现知识转移所依赖的各种知识治理机制，等等。但目前对这些"方式"的研究多而分散，因此，有必要对这些研究进行梳理，建立一个比较系统而且清晰的知识转移研究框架，以使这些相对分散的研究能够找到相应的定位。

2.3 基于规范分析的知识转移机制的整体研究框架

采用规范分析方法，通过对现有相关研究的梳理，我们认为知识转移机制包括三个部分，一是知识转移的过程机制，即知识是如何一步步从一个主体转移到另一个主体的；二是知识转移的方式机制，即知识转移过程中具体采用什么样的转移方式，以及这些方式是如何选择和组合的；三是知识转移的治理机制，即知识转移过程中各步骤的事件是如何被激发或管理的。图 2 清晰地给出了知识转移机制的整体研究框架。这三部分的研究内容将在后面分别具体阐述。

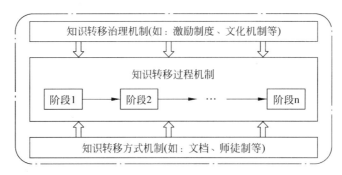

图 2　知识转移机制的整体研究框架

3　知识转移过程机制研究

对于知识转移的过程，从两阶段（或步骤，下同）模型到六阶段模型，都有学者进行了相关研究（参见表 1）。从时间上看，最近的研究以四阶段模型为主。其中，比较典型的是 Szulanski 通过对企业内部最佳实践转移的实证研究所提出的知识转移四阶段模型[6,7]。其中，启动阶段（initiation）是形成知识决策的阶段，内容包括分析知识需求、发现知识缺口、寻找和挖掘所需知识、分析知识转移的可行性等，目标是产生转移知识的有效决策；实施阶段（implementation）是知识转移双方建立转移联系，进行知识的传递与接收的过程；蔓延阶段（ramp-up）是接受方使用所转移知识解决应用过程中所碰到问题，并获得解决方案的过程；整合阶段（integration）是接受方对对方转移过来的知识进行选择，规范化和惯例化的过程，即接受方对所转移的新知识进行取舍后，将决定保留下来的新知识融入到自己原有的知识体系中，并转化为行动惯例，应用到知识管理实践中。

表 1 中的模型大体上反映了两种思想，一种是基于项目管理的视角，类似 Szulanski[6,7] 的研究，将知识转移视为一个"项目"，根据项目进展逻辑，从需求分析到项目实施再到项目结束，并将知识转移所经历的过程划分为若干阶段；另外一种则是根源于通讯理论（communication theory）[25] 的信息传递过程模型，认为知识转移过程就是将确定要转移的知识从知识源传递到知识接受方的过程，将知识转移所经历的过程划分为若干阶段。相对而言，前者是广义的观点，后者是狭义的观点，而后者只是对知识转移项目的实施阶段进行了细分。

表 1　知识转移过程机制的现有研究

	过 程 机 制	文 献 来 源
二阶段	知识发送（send）和知识接受（receive）	[8, 9, 10, 11, 12]
三阶段	选择（choose）、准备（prepare）和配置（deploy）	[13]
	转移前准备、知识传递和知识整合	[14]
四阶段	获取（acquisition）、沟通（communication）、应用（application）和吸收（assimilation）	[15, 16]
	启动（initiation）、实施（implementation）、蔓延（ramp-up）、整合（integration）	[6, 7]
	生成（generate）、扩散（disseminate）、吸收（absorb）以及适应与反应（adapt and response）	[17]
	获取（acquisition）、表达（Representation）、吸收（Assimilation）和扩散（Dissemination）	[18]
	启动（initiatives）、洞察（insights）、实施（implementation）和改进（improvement）	[19]

续表

	过 程 机 制	文 献 来 源
五阶段	启动(initiation)、采纳(adoption)、适应(adaptation)、接受(acceptance)和融入(incorporation)	[20]
	获取(acquision)、精炼(refinement)、存储(storage)、扩散(distribution)和表达(presentation)	[21]
	获取(acquisition)、验证(validation)、表达(representation)、推断(inferencing)、解释(explanation)和规范化(justification)	[22]
	获取(acquisition)、选择(selection)、生成(generation)、吸收(assimilation)和扩散(emission)	[23]
六阶段	问题选择(problem selection)、获取(acquisition)、表达(representation)、编码(encoding)、检验(testing)和评估(evaluation)	[24]

3.1 基于项目管理视角的广义知识转移过程

通过对表 1 中所列举的文献进行分析，我们认为，现有的研究明显存在以下两点不足：

一是启动阶段的决策分析主要是从接受方的角度来讨论，未论及知识源的决策分析部分。由于知识转移必须由知识源和接受方共同完成，因此，知识源的知识转移能力和意愿在整个知识转移过程中也是相当重要的。有研究表明，知识源转移知识的意愿与接受方的吸收能力密切相关[26]，当接受方的吸收能力弱时，知识源向其转移相同数量和难度的知识所需要投入的时间和精力明显要大于当接受方吸收能力强的时候。因此，知识源在转移知识之前也进行可行性分析，如接受方的知识吸收能力，此知识转移"项目"的收益成本比大概是多少等。当这些条件不能让知识源满意时，知识源可能会选择不合作，知识转移"项目"就可能不会如期启动。所以，知识转移过程的启动阶段应考虑知识源的可行性分析决策，而这往往被现有的研究所忽略。

二是知识转移"项目"的过程阶段不够完整，没有论及知识转移评价这一重要环节。从项目管理的观点看，知识转移除了有实施前的准备工作(如决策分析)、具体的实施过程(如接受方的吸收利用工作)外，知识转移的效果如何也是需要评价的。因为只有通过效果评价，知识源和接受方才能知道此次知识转移给自己带来多少净收益，并从中积累知识转移的相关经验。因此，有必要在已有研究的基础上增加"转移评价"环节，其内容包括发送评价(针对知识源)、传递评价(针对传递方式)和接受评价(针对知识接受方)。

因此，我们认为，完整的基于项目管理视角的广义知识转移过程应包括以下三大阶段：启动阶段、实施阶段和评价阶段(如图 3)。

图 3　基于项目管理视角的知识转移过程模型

首先是启动阶段。它是知识转移过程真正实施之前的准备阶段。这一阶段的主要工作是需求调研和决策分析，其内容涵盖知识转移的对象、内容、时间和地点等分析，目标是产生有效的知识转移决策。

对接受方来说，需要制定的决策主要是知识转移的需求分析和可行性分析。其中需求分析包括：确认目前存在哪些需要解决的问题，解决这些问题所需的知识与自己所拥有知识之间存在的"缺口"，有哪些知识源可提供符合要求的知识以弥补这一"缺口"等；可行性分析包括选择知识转移地点、分析自身的知识接受能力、预估算知识转移的收益成本比等。

对知识源来说，启动阶段需要做的决策包括是否采纳接受方发出的知识转移合作邀请信息，这主要取决于知识源对进行知识转移合作所带来的收益成本比的预估算，而收益成本比的预估算涉及对知识接受方吸收能力、自身转移能力以及为知识转移而花费的时间和精力的多寡的分析。

由于知识转移"项目"的启动信号一般是由接受方在基本完成需求分析和可行性分析的基础上发出的，而后才有知识源的转移合作可行性分析，因此，在启动阶段，接受方的决策对知识转移"项目"是否要实施起着关键的作用，它关系到后面的知识转移过程和效果。

其次是实施阶段。在实施阶段，知识源与接受方建立转移关系，以解决接受方的知识需求目标为重点，采用相应的知识转移方式和媒介，知识源真正将知识传递给接受方，而接受方对这些知识进行接收、吸收并用以解决目标问题，并进一步摸索如何结合自身的知识积累和工作情境有效地整合这些知识，以使这些知识规范化到自身已有的知识体系中，或对这些知识进行再创造。

最后是评价阶段。在评价阶段，知识源对自身的知识或转移能力是否经此次转移后得到提升，本次知识转移的收益或效率等因素进行评价。知识接受方对此次知识转移的收益成本比，自身的知识学习能力是否提升等进行评价。同时，知识接受方和知识源还要对双方共同参与的知识传递过程所涉及的问题进行评价，如知识转移方式（如媒介的选择）是否有效，知识转移治理机制（如激励政策）是否合适，知识传递是否还受到其他因素的影响等。因此，知识转移评价包括发送评价（针对知识源）、传递评价（针对传递方式）和接受评价（针对知识接受方）。

3.2　基于通讯理论视角的狭义知识转移过程

在广义的知识转移过程（图3）中的实施阶段又包含一系列的子过程，从知识源的知识发送，到由双方共同参与的知识传递，再到接受方的知识接受等。我们把这些子过程称为狭义的知识转移过程。

基于Shannon等人[26]提出的通讯理论（communication theory）视角，学者们将知识视为一种信息，将具有转移关系的双方主体视为信源和信宿，将知识转移方式机制视为信道，而知识转移过程就是知识这样一种信息通过知识转移渠道，从作为信源的知识源传递到作为信宿的知识接受方的过程。要注意的是，我们不能简单地只关注知识发送与接受两端，而忽视连接发送与接收的中间转移环节。否则，容易使知识转移过程出现"断裂"，容易形成知识转移是个"黑匣子"的错误看法。因此，有必要了解知识转移实施过程的多阶段划分方法。观察表1可知，知识转移过程中的阶段越多，对知识转移过程的考察也就越详细。这样不断细化的划分方法，不仅能使人们更清楚地了解知识转移过程，也能使人们更深入地理解嵌入在这些过程中的知识转移机理。

还有，从知识转移主体的角度看，不同的学者对知识转移过程有不同的侧重点。有的学者认为知识转移主要是指知识源转移知识的工作，其过程包括知识的选择（choose）、准备（prepare）和配置（deploy）[13]；大多数学者强调知识转移的最终目的是接受方对知识的吸收，知识转移既要有知识源的知识传递行为，同时也包括接受方的知识吸收行为。

综合上述研究成果，我们认为知识源和知识接受方在知识转移过程中都发挥重要的作用，如果任何一方采取不合作态度都会影响知识转移效果。因此，基于通讯理论的视角，知识转移实施阶段应包括知识源和知识接受方所参与的所有知识转移的一系列子过程，主要可分为知识源在传递知识之前的知识准备，双方转移主体共同参与的知识传递以及接受方的知识接受三个子阶段，参见图4中的椭圆形虚框部分。

首先是知识源的知识准备阶段。对知识源来说，准备阶段需要做的事情包括收集、生成并整理成需要转移给知识接受方的知识。

其次是双方的知识传递阶段。在知识传递阶段，知识源与知识接受方选择合适的媒介和沟通方式，建立转移关系，将待转移的知识在双方之间进行转移。

最后是知识接受方的接受阶段。在接受阶段，知识接受方对收到的知识去除噪声或干扰，得到所需知识，然后经过自己的理解或重新表达，在知识接受方中

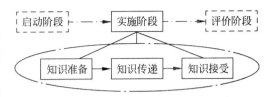

图 4　基于通讯理论视角的知识转移模型

进行扩散和吸收，最终应用到工作实践中，并将这些知识规范化到自身已有的知识体系中。

3.3　知识转移过程整体模型

通过对狭义知识转移过程的现有研究成果的梳理，我们发现，各个狭义的知识转移环节又可细分为多个知识转移动作。比如，在知识准备环节，知识源需要完成的行动包括根据解决知识需求目标所进行的知识收集或生成，以及整合工作；在知识传递环节，双方的转移主体需要选择相应的治理机制、转移媒介，并执行知识转移的动作；在知识接受环节，知识接受方在接收知识源转移所转移过来的知识之后，先对这些知识进行吸收消化，再利用其中有用的知识部分去解决目标问题，最后还要结合自身原有的知识基，对所转移的知识进行整合和规范化。

另外，在广义的知识转移过程部分，我们已论述知识转移启动阶段的主要工作是制定决策，包括知识接受方的知识转移启动决策和知识源的知识转移合作决策；而知识转移评价阶段包括发送评价、传递评价和接受评价。

因此，综合广义和狭义的知识转移过程，我们得到一个整体的知识转移过程模型（如图5），此模型包括知识转移的完整过程和相应机制。

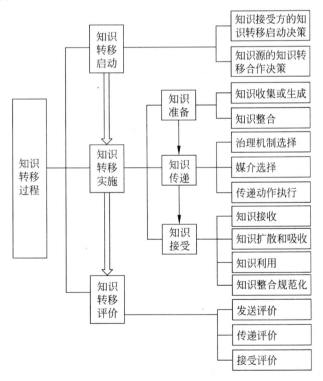

图 5　知识转移过程整体模型

4　知识转移方式机制研究

在知识转移的具体实现方式上,学者们主要从知识转移机制的归纳、分类和组合三个角度进行了研究,目前归纳出的知识转移方式机制包括电话、会议、文档、信息系统、案例、模板、技术报告、培训、共享办公室等几十种[27, 28]。这些机制之间可以组合(Composition)使用,也可以观察机制的密度(Intensity),即某种机制被实施的频率[27]。

相对于知识转移方式机制的归纳和组合研究来说,对于知识转移机制的分类研究最多,一般从两方面展开:一方面是基于知识特性的知识转移机制分类研究;另一方面是基于知识转移载体的转移机制分类研究,参见表 2。

表 2　知识转移机制的分类研究

分　类	文献来源	转移机制	描　述
知识特性	[3, 29]	初级转移	主要针对可编码化、文档化的显性知识。
		高级转移	主要针对与组织活动密切相关的隐性知识。
	[30]	编码化策略	指将需要转移的知识进行编码来进行转移。
		个人化策略	指通过面对面的交流方式来转移知识。
	[28, 31]	指导机制	指显性的规则和说明,如标准的操作程序、手册。
		惯例机制	不需要明确的表达就可以转移,如共同的理解。
知识转移载体	[32]	口头	口头语媒介转移,主要是人际沟通。
		书面文字	通过说明、报告、教材等文档来进行转移。
		媒介	指文字语言、肢体语言以及信息技术等。
	[33]	隐于技术的转移	通过使用技术进行转移。
		隐于网络的转移	通过各种网络如互联网进行转移。
		隐于日常规范的转移	通过日常规范的实践进行转移。
		隐于人员的转移	通过人际互动进行转移。
	[34, 35]	基于知识库的转移	如组织的数据库、档案室、资料库等渠道。
		基于人际转移	人与人之间正式的和非正式的面对面的沟通。

仔细分析表 2 可以发现,实际上,不管是基于知识特性的知识转移机制分类研究,还是基于知识转移载体的转移机制分类研究,都可以明显地分为基于显性知识的转移机制和基于隐性知识的转移机制。我们将现有文献中提及的以及我们观察到的 60 种知识转移的具体方式进行了整理,参见表 3。

对于知识转移的主体来说,他们不仅会关心不同的知识特性应该选择什么样的转移方式,还会从自身所处的位置即是知识源还是知识接受方的角度来考虑自己应该采用什么样的转移方式。只有结合知识的特性以及知识转移的驱动方因素,有针对性地选择合适的知识转移机制,才可能取得令人满意的知识转移效果。因而,对于表 3 中列举的各种知识转移方式,我们根据知识转移的驱动主体以及知识转移媒介的性质两个维度绘制出知识转移方式在主体与载体上的分布图(如图 6 所示)。另外,图 6 中的虚线将所有方式一分为二,左下角的对应于表 3 中的显性知识转移方式,右上角的对应于表 3 中的隐性知识转移方式。

如图 6 所示,横向维度表示转移知识的载体,依据媒介的性质可将知识转移媒介划分为基于技术的知识转移媒介和基于人际的知识转移媒介;纵向维度表示知识转移的驱动主体,依据知识转移项目的驱动方不同,可将知识转移方式划分为知识源驱动的知识转移方式和知识接受方驱动的知识转移方式。

表 3 基于显隐性知识分类的知识转移方式机制

分类	具体知识转移方式			说　明
显性知识转移载体	1. 制度文件 2. 流程文件 2. 新闻报道 4. 出版物 5. 教材 6. 论文 7. 影音资料 8. 标准 9. 模板 10. 回忆录	11. 说明书 12. 调查报告 12. 技术专利 14. 技术手册 15. 技术报告 16. 技术档案 17. 项目文档 18. 案例库 19. 电子知识库 20. 数据库	21. 信息系统 22. 网站 23. 互联网 24. 群件 25. 网络论坛 BBS 26. 虚拟社区 27. 博客 28. 微博 29. E-mail 30. 传真	主要适用于显性知识的转移,即是承载显性知识的载体,对于隐性知识的转移则有限。
隐性知识转移载体	31. 师徒制 32. 实习制 33. AB 角制 34. 人员轮换 35. 兴趣小组 36. 实践社区 37. 顾问咨询 38. 主题沙龙 39. 午餐会 40. 辩论会	41. 共享办公室 42. 员工休息室 43. 参观学习 44. 教师讲授 45. 在线视频交流 46. 在线音频聊天 47. 研讨式培训 48. 体验式培训 49. 情景模拟 50. 角色扮演	51. 对面沟通 52. 电话 53. 电视电话会议 54. 研讨会 55. 座谈会 56. 报告会 57. 答辩会 58. 经验交流会 59. 协调会 60. 谈判	主要适用于隐性知识的转移,这些方式大多是需要人际间的沟通交流才能达到知识转移的。

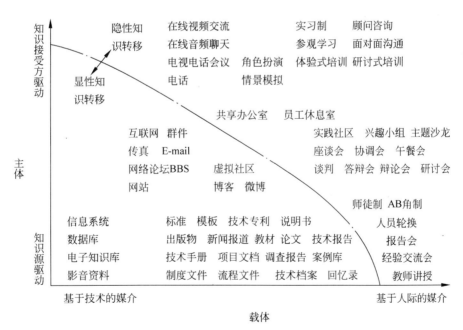

图 6 知识转移方式在主体与载体上的分布

基于技术的知识转移媒介是指利用信息技术、网络、纸介质或采用一些辅助性工具来充当知识共享与转移的媒介,例如利用信息系统、电子知识库、技术手册、出版物、微博(即微型博客,记录博主和访问者的片言只语)等来进行知识转移。

基于人际的知识转移媒介是指主要通过人与人之间正式的和非正式的面对面的沟通交流和互动讨论等方式来进行知识转移,例如采用培训、会议、师徒制、AB角制(指每项工作两人负责,分别为A角和B角,互为备份)等方式来进行知识转移。当然,有些知识转移方式不能非此即彼地被归为以上两类中的一类,比如虚拟社区和微博,既是基于互联网技术的媒介,也是基于人际交流的一种促进积极的人际互动的媒介。

知识源驱动的知识转移方式是指某主体为了同其他主体共享知识,主动地将知识分类整理,并以一定的载体储存,在需要的时候将这些知识推送(Push)给其他主体,我们将这种方式称为知识源驱动的知识转移方式。例如知识源可以采用影音资料、电子知识库、流程文件、教师讲授等方式存放或转移知识。

知识接受方驱动的知识转移方式是指某主体认识到或发现了自己的知识缺口,从而主动地对一些知识感兴趣,并想通过一些具体的方式获取这些知识,我们将这种需求拉动(Pull)的知识转移称为知识接受方驱动转移方式。例如知识接受方可以通过网络论坛BBS、虚拟社区等方式搜索潜在的知识源,与之进行沟通交流从而获取自己感兴趣的知识,或通过与知识源的在线视频交流,或参观学习来了解知识源的一些成功经验,或通过实习、培训等方式深入地学习自己感兴趣的知识。

自然地,有一些知识转移方式对于知识源或知识接受方来说,无论谁是驱动方都能采用的,比如双方都可以采用实践社区、兴趣小组、主题沙龙等来促进相互之间的沟通与交流,从而实现知识转移。

总而言之,图6中给出的知识转移方式在主体与载体上的分布图,可以帮助个体或组织在进行知识转移时,通过结合不同的知识特性,有针对性地选择合适的知识转移方式,从而提高知识转移的绩效。

5 知识转移治理机制研究

要实现有效的知识转移,必须解决如何让知识转移主体自愿地参与知识转移活动和如何使知识转移活动变得更容易进行这两个问题[36]。许多学者从知识治理角度出发,探讨这两个问题的解决方案。

"知识治理"(Knowledge Governance)概念最早由Grandori[37]提出,是对企业内部或企业之间知识的交换、转移和共享的治理,包括治理结构的选择和治理机制的设计,其目的就是最优化知识转移、共享和利用。知识治理是知识管理领域近几年才涌现的一个前沿问题,也是学者们正在研究的热点问题之一。他们从知识转移双方的信任[38]、目标问题的特征[39]、知识创造的价值[40]、知识的交易形式[41]、知识的特征[37,42]、利益冲突[37]等多个维度对知识治理进行分析讨论。

由于有效的知识转移是知识治理的主要对象之一,所以很多有关知识转移机制的研究是从知识治理的角度进行的,我们将这一类的研究与前面基于过程和方式的知识转移机制区分开,叫做知识转移的治理机制。将现有的知识转移治理机制研究进行了梳理,参见表4。

表4 知识转移治理机制的现有研究

	治 理 机 制	文 献 来 源
	知识转移治理结构有单个组织、联盟与合资企业、独立组织之间的合作这三种形式。	[43]
	知识转移治理结构有市场、基于权威等级结构和基于共识等级结构。	[39]
组织结构	超文本组织兼具刚性组织和柔性组织特点,有利于知识转移的实现。	[44]
	共识型科层制是基于团队的组织的重要知识转移治理机制。	[45]
	矩阵组织和面向产品开发的组织能同时支持跨职能和专门化知识转移。	[46]

续表

	治 理 机 制	文 献 来 源
一般制度	人力资源管理制度，如股权激励制度、职务升迁计划、工作轮换制度、各种培训计划等，会促进基于团队的组织的知识转移活动。	[45，47]
	知识转移的合法资格（Entitlement）制度，即个体或组织需要有一定的合法权力才能接近和获取所转移知识。	[41]
	知识转移的隔离机制，包括保护显性知识的知识产权保护制度，防止隐性知识因正式的知识转移渠道而流失的企业信息发布制度和避免因员工辞职等原因而导致知识流失的项目文档管理制度。	[48]
技术系统	信息技术是影响知识转移和共享的、起保障作用的因素，它会直接影响知识转移，也会通过影响激励因素来间接影响知识转移。	[49]
	信息技术能促进知识的捕获、编码和存储，从而促进知识的共享、获取和利用。	[50，51]
	信息技术能够通过提高知识转移速度和降低由时间和距离所带来的知识转移成本来提升知识转移绩效。	[49，52]
激励制度	知识转移激励制度可分为内在激励制度和外在激励制度。外在激励制度对内在激励制度具有挤出效应。	[53]
	对于隐性知识的转移，内在激励制度显得更重要。	[54]
	预期的外在激励制度对个人的知识共享态度具有显著的负作用。	[55]
	奖励有知识薪酬支付制度等，惩罚有知识老化型员工淘汰制度等。	[56]
	金钱奖励对显性知识的共享有直接的正面的影响；非金钱性的激励对隐性知识的共享有直接影响，对显性知识则只能起到间接的影响。	[57]
	知识转移的合作协议，对隐匿有价值知识的转移进行惩罚。	[58]
文化机制	"共存共荣"的知识转移理念能有效激发知识源转移知识的动机。	[58]
	企业是否鼓励创新、是否容忍失误、是否重视发挥知识和人才的作用、是否支持个人关系网络的发展等因素，对知识转移影响甚大。	[59]
	使组织员工认为知识转移与共享是一种正式的义务。	[60]
	高层领导的支持和参与，让员工参与知识转移的决策制定等。	[61]
信任机制	如果参与者之间具有较高水平的信任，知识转移就可以进行得更深入。	[62]
	信任增加可交易的信息量，降低交易成本。	[63]
	信任机制能够为知识转移技术、激励制度、组织文化等对知识转移发挥作用创造条件。	[64]
	知识转移的信任机制可分为基于知识的信任和基于制度的信任。	[60]
	信任相对共享愿景来说，在跨组织的知识转移中所发挥的影响更大；而共享愿景相对信任来说，对单个组织内部的知识转移的影响更大。	[65]
	信任能影响知识源转移知识的意愿和接收方接受知识的意愿	[66]

　　表4中我们将现有的知识转移的治理机制研究归纳为组织结构、一般制度、技术系统、激励制度、文化机制、信任机制等六个方面。实际上，这些知识转移治理机制正是从前面提到的两个问题即"如何使知识转移活动变得更容易进行"和"如何让知识转移主体自发地愿意参与知识转移活动"出发，对知识转移治理机制所进行的总结与探索研究。

　　从知识治理的角度看，前述两个问题的本质分别涉及知识转移治理机制的保障功能和激励功能。其中保障功能主要是促使知识转移活动变得更容易进行，激励功能主要是促使知识转移主体自发地愿意参与知识转移活动。因此，借鉴赫兹伯格（Frederick Herzberg）等人[67]提出的双因素理论，我们将以上这些知识转移的治理机制划分为保障机制和调节机制，前者对知识转移起到保障作用，后者则起到激励作用。

知识转移的保障机制主要是从知识转移主体的组织系统层面为知识转移提供一个相对稳定的、起支撑作用的基本条件，比如确定组织结构、制定办公室等资源的分配制度和招聘制度、设置应用软件系统的权限和部署邮件系统等，这些措施或安排为知识转移的发生提供了基础保障条件。根据Petlt[68]将组织系统划分为组织子系统、制度子系统和技术子系统的观点，我们将知识转移的保障机制分为组织结构、一般性制度和技术系统三个方面。

需要注意的是，保障机制中的一般性制度主要是指不包括激励制度的其他制度，这些制度对知识转移起保障性作用。比如办公室分配制度中如果规定核心员工需要共享办公室，这样的安排就可以促进知识转移；又比如客户管理制度中如果规定客户回访后需要记录客户所反馈问题以及解决方案，那么就可以在此基础上建立有助于知识转移的知识库；又如表4中列举的工作轮换制度会影响知识转移主体的社会认同感（social identity），进而影响组织的知识转移。这是因为，相对于其他团队而言，一个团队成员往往更容易受本团队人员与事件的影响[69]。

知识转移的调节机制主要是指通过施加一定的影响，使得知识转移主体在谋求自身需求实现的同时，也同时实现知识转移双方的共同目标。知识转移调节机制通过调节知识源和知识接受方对知识转移的态度，进而影响他们的知识转移动机和行为。知识转移调节机制的设计包括激励制度的设计，进行共同愿景等组织文化的引导，建立基于心理契约的相互信任，等等。根据表4中对现有文献的归纳，知识转移的调节机制大致可划分为激励制度、文化机制和信任机制三个方面。

由于知识转移的保障机制只提供保障功能而不具有激励功能，因此它需要借助调节机制才能对知识转移产生作用，例如，技术本身不能直接对知识转移产生影响，它需要与其他的治理机制、转移主体的认知、转移目标等相结合才能真正对知识转移起作用[52]。同样地，知识转移的调节机制要对知识转移发挥激励作用也离不开保障机制的辅助。因此，知识转移的保障机制和调节机制应结合使用，方能真正对知识转移起到促进作用。知识转移的保障机制和调节机制对知识转移效果的作用机理请参见图7。

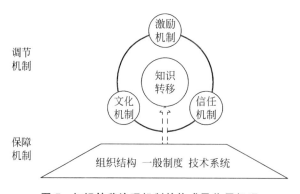

图7 知识转移治理机制的构成及作用机理

6 总结

论文在文献分析的基础上，采用规范分析的方法建立了一个系统而规范的知识转移机制模型。该模型将知识转移机制分为三个方面：知识转移的过程机制，知识转移的方式机制，以及知识转移的治理机制。

对于知识转移的过程机制，我们认为完整的知识转移过程应包括启动阶段、实施阶段和评价阶段，其中知识转移实施阶段可分为知识源在传递知识之前的知识准备、双方转移主体共同参与的知识传递以及接受方的知识接受三个子阶段。

对于知识转移的方式机制，我们对文献中提及的以及我们观察到的60种知识转移的具体方式进行了归纳，并从显性知识转移和隐性知识转移两个方面进行了分类。在此基础上，我们还绘制了知识转移方式在知识转移驱动主体（即是知识源还是知识接受方）与知识转移载体（即是基于技术的媒介还是基于人际的媒介）两个维度的分布图。

对于知识转移的治理机制，我们在借鉴赫兹伯格双因素理论的基础上，将知识转移治理机制分为保障机制和调节机制。其中知识转移的保障机制分为组织结构、一般性制度和技术系统三个方面；知识转移的调节机制分为激励制度、文化机制和信任机制三个方面。

需要指出的是，在研究知识转移机制时，以上所述的内容都是指同一主体层次的知识转移。对于跨主体层次的知识转移，比如从个体到团队、从个体到组织、从组织到个体等，其本质与同主体层次的知识转移是一样的，都是从一个单元（unit）到另一个单元（unit）的知识转移，只是这里的单元的含义较同一主体层次的知识转移有所不同，其转移的过程、方式与治理机制也相对较为复杂，需要我们做进一步的深入研究。总的来说，论文对目前的知识转移机制研究进行了梳理，并规范了知识转移的机制类型，使得现有的不同角度研究能够清晰地找到各自的位置，从而有助于后续的知识转移研究能够在一个规范的基础上不断深入。

参 考 文 献

[1] Argote L, Ingram P. Knowledge transfer: A basis for competitive advantage in firms[J]. Organizational Behavior and Human Decision Processes, 2000, 82(1): 150-169.

[2] Ko D G, Kirsch L J, King W R. Antecedents of knowledge transfer from consultants to clients in enterprise system implementations[J]. MIS Quarterly, 2005, 29(1): 59-85.

[3] Cummings J L. Knowledge transfer across R&D units: An empirical investigation of the factors affecting successful knowledge transfer across intra-and inter-organization units [D]. The George Washington University, 2002.

[4] Gold A, Malhotra A, Segars A. Knowledge management: An organizational capabilities perspective[J]. Journal of Management Information Systems, 2001, 18(1): 185-214.

[5] 林东清著, 李东改编. 知识管理理论与实务[M]. 北京: 电子工业出版社, 2005.

[6] Szulanski G. Exploring internal stickiness: Impediments to the transfer of best practice within the firm[J]. Strategic management journal, 1996, 17(Winter Special Issue): 27-43.

[7] Szulanski G. The process of knowledge transfer: A diachronic analysis of stickiness[J]. Organizational Behavior and Human Decision Processes, 2000, 82(1): 9-27.

[8] HusmanT B. Efficiency in Inter-organizational learning: A taxonomy of knowledge transfer costs, IVS Working Paper WP-01-4, Copenhagen: Copenhagen Business School, 2001.

[9] Cummings J, Teng B. Transferring R&D knowledge: The key factors affecting knowledge transfer success[J]. Journal of Engineering and Technology Management, 2003, 20(1-2): 39-68.

[10] Haghirian P. Does culture really matter? Cultural influences on the knowledge transfer process within multinational corporations[J]. European Journal of Information Systems, Naples, Italy, 2003

[11] Lin LH, Geng X J, Whinston A B. Sender-receiver framework for knowledge transfer[J]. MIS Quarterly, 2005, 29(2): 197-219.

[12] 徐青. ERP实施知识转移影响因素实证研究[D]. 浙江大学博士学位论文（指导教师: 马庆国）, 2006.

[13] Knudsen M P, Zedtwitz M. Transferring capacity: the flipside of absorptive capacity[C]. The DRUID Summer Conference, 2003: 12-14.

［14］　谭大鹏，霍国庆. 知识转移一般过程研究［J］. 当代经济管理，2006，28(3)：11-14，56.

［15］　Gilbert M. Technological change as a knowledge transfer process［D］. Cranfield University，1995.

［16］　Gilbert M，Cordy-Hayes M. Understanding the process of knowledge transfer to achieve successful technological innovation［J］. Technovation，1996，16(6)：301-312.

［17］　Parent R，Roy M，St-Jacques D. A systems-based dynamic knowledge transfer capacity model［J］. Journal of Knowledge management，2007，11(6)：81-93.

［18］　Li Y，Fu Z. A framework of knowledge transfer process in expert system development，Wireless Communications，Networking and Mobile Computing［C］. International Conference on Shanghai，China，2007：5597-5600.

［19］　梁哨辉，宋鲁. 基于过程和能力的知识管理模型研究［J］. 管理世界，2007(1)：62-63.

［20］　Kwon T H，Zmud R W. Unifying the fragmented models of information systems implementation［A］. Boland J R，Hirshheim R. Critical issues in information systems research，New York：John Wiley，1987：227-251.

［21］　Zack M. Managing codified knowledge［J］. Sloan Management Review，1999，40(4)：45-58.

［22］　Turban E，Aronson J E. Decision Support Systems and Intelligent Systems［M］. 6th ed. Prentice-Hall，Upper Saddle River，NJ，2001.

［23］　Holsapple C W，Jones K. Exploring primary activities of the knowledge chain［J］. Knowledge and Process Management，2004，11(3)：155-174.

［24］　Liebowitz J. Expert systems：A short introduction［J］. Engineering Fracture Mechanics，1995，5：601-607.

［25］　Shannon C E，Weaver W. The Mathematical Theory of Communication［M］. Urbana：The University of Illinois Press，1949.

［26］　Reagans R，McEvily B. Network structure and knowledge transfer：The effects of cohesion and range［J］. Administrative Science Quarterly，2003，48(2)：240-267.

［27］　Slaughter S，Kirsch L. The effectiveness of knowledge transfer portfolios in software process improvement：A field study［J］. Information Systems Research，2006，17(3)：301-320.

［28］　何永刚. 信息系统开发过程中知识转移研究［D］. 复旦大学博士学位论文(指导教师：黄丽华)，2007.

［29］　关涛. 跨国公司内部知识转移过程与影响因素的实证研究［D］. 复旦大学博士学位论文(指导教师：薛求知)，2005.

［30］　Jasimuddin S M. Exploring knowledge transfer mechanisms：The case of a UK-based group within a high-tech global corporation［J］. International Journal of Information Management，2007，27(4)：294-300.

［31］　Grant R. Prospering in dynamically—competitive environments：Organizational capability as knowledge integration［J］. Organization Science，1996，7(4)：375-387.

［32］　Truran W R. Pathways for knowledge：How companies learn through people［J］. Engineering Management Journal，1998，10(4)，15-20.

［33］　McGrath J，Argote L. Group process in organization contexts［A］. Michael A H，Tindale S R. Blackwell Handbook of Social Psychology：Group Process，Blackwell：2001，603-627.

［34］　王开明，万君康. 论知识的转移与扩散［J］. 外国经济与管理，2000(10)：2-7.

［35］　疏礼兵. 团队内部知识转移的过程机制与影响因素研究［D］. 浙江大学博士学位论文(指导教师：贾生华)，2006.

［36］　Hansen M T. The search transfer problem：The Role of Weak Ties in Sharing Knowledge across Organization Subunits［J］. Administrative Science Quarterly，1999，44(1)：82-111.

［37］　Grandori A. Neither hierarchy nor identity：Knowledge-governance mechanisms and the theory of the firm［J］. Journal of Management and Governance，2001，5(3-4)：381-399.

［38］　Nooteboom B. Learning by interaction：Absorptive capacity，cognitive distance and governance［J］. Journal of Management and Governance，2002，4(1-2)：69-92.

［39］　Nickerson J A，Zenger T R. A knowledge-based theory of the firm：the problem-solving perspective［J］. Organization Science，2004，15(6)：617-632.

［40］　Mahnke V，Pedersen T. Knowledge governance and value creation［A］. Mahnke V，Pedersen T，Knowledge

Flows，Governance and the Multinational Enterprise，London：Palgrave Macmillan，2004：3-17.

[41] Choi C J, Cheng P, Hilton B, Russell E. Knowledge governance[J]. Journal of Knowledge Management，2005，9(6)：67.

[42] Antonelli C. The business governance of localized knowledge：An information economics approach for the economics of knowledge[J]. Industry and Innovation，2006，13(3)：227-261.

[43] Bresman H, Birkinshaw J, Nobel R. Knowledge transfer in international acquisitions [J]. Journal of International Business Studies，1999，30(3)：439-462.

[44] Nonaka I, Krogh G, Voelpel S. Organizational Knowledge Creation Theory：Evolutionary Paths and Future Advances[J]. Organization Studies，2006，27(8)：1179-1208 .

[45] Peltokorpi V, Tsuyuki E. Knowledge governance in a japanese project-based organization [J]. Knowledge Management Research and Practice，2006，4(1)：36-45.

[46] 卢兵，廖貅武,岳亮. 组织的知识转移分析[J]. 科研管理，2007,28(6)：22-30.

[47] Kane A, Argote L, Levine J. Knowledge transfer between groups via personnel rotation：Effects of social identity and knowledge quality[J]. Organizational Behavior and Human Decision Processes，2005，96(1)：56-71.

[48] 周晓东，项保华. 企业知识内部转移：模式，影响因素与机制分析[J]. 南开管理评论，2003，6(005)：7-10.

[49] Hendriks P. Why share knowledge? The influence of ICT on the motivation for knowledge sharing [J]. Knowledge and Process Management，1999，6(2)：91-100.

[50] Abecker A, Sintek M. Wirtz, H. From hypermedia information retrieval to knowledge management in enterprises[C]. First International Forum on Multimedia & Image Processing (IFMIP-98)，Anchorage，Alaska，USA. May 1998.

[51] O'Leary D E. Enterprise knowledge management[J]. Enterprise Knowledge Management，1998，31(3)：54-61.

[52] Albino V, Garavelli A C, Gorgoglione M. Organization and technology in knowledge transfer [J]. Benchmarking，2004，11(6)：584-600.

[53] Osterloh M, Frey B. Motivation, knowledge transfer and organizational forms[J]. Organizational Science 2000，11(5)：538-50.

[54] O'Dell C, Grayson C J. If only we knew what we know：Identifycation and transfer of internal best practices[J]. California Management Review，1998，40(3)：154-174.

[55] Bock G W, Zmud RW, Kim YG. Behavioral intention formation in knowledge sharing：Examining the roles of extrinsic motivators，social-psychological forces，and organizational climate[J]. MIS Quarterly，2005，29(1)：87-111.

[56] 左美云. 国内外企业知识管理研究综述[J]. 科学决策，2000(03)：31-37.

[57] Reychav I, Weisberg J. Good for workers, good for companies：How knowledge sharing benefits individual employees[J]. Knowledge and Process Management，2009，16(4)：186-197.

[58] Dyer J H, Nobeoka K. Creating and managing a high-performance knowledge-sharing network：The Toyota case [J]. Strategic Management Journal，2000，21(3)：345-367.

[59] Lublt R. Tacit knowledge and knowledge management：The keys to sustainable competitive advantage[J]. Organizational Dynamics，2001，29(4)：164-178.

[60] Ardichvili A, Page V, Wentling T. Motivation and barriers to participation in virtual knowledge-sharing[J]. Journal of Knowledge Management，2003，7(1)：64-77.

[61] Hsu I C. Enhancing employee tendencies to share knowledge-Case studies of nine companies in Taiwan[J]. International Journal of Information Management，2006，26(4)：326-338.

[62] McAllister D J. Affect and cognition-based trust as foundations for interpersonal cooperation in organizations [J]. Academy of Management Journal，1995，38(1)：24-59.

[63] Szulanski G, Cappetta R, Jensen R J. When and how trustworthiness matters：Knowledge transfer and the moderating effect of casual ambiguity[J]. Organization Science，2004，15(5)：600-613.

［64］ Dirks K T, Fenin D L. The role of trust in organizational settings[J]. Organization Science,2001, 12(3): 450-467.

［65］ Li L. The effects of trust an relationships shared vision on inward knowledge transfer in subsidiaries' intra-and inter-organizational[J]. International Business Review, 2005, 14(1): 77-95.

［66］ 徐海波，高祥宇. 人际信任对知识转移的影响机制：一个整合的框架[J]. 南开管理评论, 2006. 9(005): 99-106.

［67］ Herzberg F, Mausner B, Snyderman B. The motivation to work[M]. New York: Wiley, 1959.

［68］ Petlt T A. A behavioral theory of management[J]. Academy of Management Journal, 1967, 10(4): 341-350.

［69］ Brown R. Social identity theory: Past achievements, current problems, and future challenges[J]. European Journal of Social Psychology, 2000, 30(6): 745-778.

Normative Analysis on the Mechanisms of Knowledge Transfer: Process, Means and Governance

ZUO Meiyun[1]   ZHAO Dali[2]   LIU Yali[3]

(1,3 School of Information, 1,2 School of Business,

Renmin University of China, Beijing, 100872)

Abstract   To study knowledge transfer, it's necessary to study the ways of knowledge transfer, namely Knowledge Transfer Mechanism. As the scholars concern about different perspectives, their understandings of knowledge transfer mechanism are also different; therefore, the study on knowledge transfer mechanisms seems very confusing for the moment. Based on the analysis of the literatures, this paper established a normative model of knowledge transfer mechanisms by adopting the normative analysis method. This model divided the knowledge transfer mechanisms into three aspects: The first is the process mechanisms of knowledge transfer, that is, knowledge is how to be transferred step by step from one unit to another unit; the second is the mean mechanisms of knowledge transfer, that is, which transfer means are applied during the processes of knowledge transfer, and how to choose and compose them; the last is the governance mechanisms of knowledge transfer, that is, the events in every step are how to be aroused or managed during the processes of knowledge transfer. This paper conducted a clear classification and a normative study on the aspects of knowledge transfer mechanisms. It can help different studies on a certain knowledge transfer mechanism find their position clearly, and can promote the study on knowledge transfer going more in-depth.

Key words   Knowledge Transfer, Process of Knowledge Transfer, Means of Knowledge Transfer, Knowledge Governance, Mechanism

作者简介：

左美云(1971—)，男，博士，现任中国人民大学教授，信息学院副院长，商学院博导。主要研究方向：信息系统管理，知识管理、IT 对老年人的支持。

赵大丽，中国人民大学商学院博士生。

刘雅丽，中国人民大学信息学院硕士生。

信息系统学报
（第 7 辑）：37 — 45

China Journal of Information Systems
37 — 45

知识资产视角下电子商务企业价值评价研究[*]

朴哲范，沈莉

（浙江财经学院金融学院，杭州　310018）

摘　要　从知识资产理论、企业价值理论和企业经营机制理论出发，在 Lev 和 Sougiannis（1996）、Feltham 和 Ohlson（1995）以及李鑫元（2002）等研究的基础上，导出知识资产评价模型和各资产对企业总价值的贡献程度。选取了"中国企业电子商务应用 500 强（2004）"中的 53 家上市公司为研究对象，时期是 2005—2007 年，并进行了实证研究。根据实证结果，技术资产对企业价值的贡献度不高；营销资产的投入加大，没能带来期待的收益和对企业价值的贡献。

关键词　电子商务企业，知识资产，资产细化，贡献度

中图分类号　F272.5

1　引言

20 世纪 90 年代后期，随着知识经济时代的到来以及计算机网络的发展，全球经济发展更为便捷，网络经济应运而生，发展迅猛，势不可挡，电子商务炙手可热，大批的电子商务企业如雨后春笋般涌现出来，风险资本商和投资家们凭借着一个 .com 理念，纷纷将巨额的资金投入其中，电子商务公司的股价如井喷般暴涨。在网络经济时代，电子商务是企业必不可少的生存方式。电子商务的应运而生和发展一方面直接导致了企业的经营理念、组织方式发生革命性的变化。然而到了 2000 年，当全世界经济开始步入一个调整和逐渐成熟的时期，网络经济的泡沫渐渐散去，很多的网络公司陷入困境，曾经高高在上的股价一跌千里，很多公司面临破产或倒闭。电子商务企业不得不面临资金短缺、市场萧条、环境不完善等困境。电子商务公司如何走出困境，摆脱破产倒闭的悲惨命运，成为很多人思考的主要问题。而能否解决好这个问题的关键，在于企业能否制定出有益于自身的发展战略和企业价值的可持续性增值。

2　国内外研究现状

20 世纪 90 年代以来，随着互联网以及各相关技术的日趋成熟，电子商务在社会经济领域得到了广泛的应用。在发达国家，电子商务发展迅速，电子商务推动了商业、贸易、营销、金融、广告运输、教育等社会经济领域的创新，并因此形成了一个又一个新产业，给世界各国企业带来许多新的机会。自从 1997 年 11 月，在巴黎举行的世界商务会议（The World Business Agenda for Electronic Commerce）中提出电子商务（Electronic Commerce）[①]概念以来，电子商务对全球经济产生了深刻的影响，也给相关

---

　* 基金项目：浙江"钱江人才计划"基金项目"信息披露与浙江企业价值研究"（QJC0602012）。
　通信作者：朴哲范，浙江财经学院金融学院副教授，博士，硕导，E-mail: piaozhefan@126.com。

　① 电子商务的英文解释有 E-Business 和 E-Commerce 两种，前者侧重的是社会在 Internet 环境下的商业化应用，是把买家、卖家、厂商、银行和合作伙伴与社会管理服务机构在互联网、企业内部网、企业外部网结合起来的综合应用，涉及社会、经济、法律和政策，需要各国政府的支持与协作；而后者更强调贸易过程，通常包含技术性的流程工程、软件工程、网络、数据库、多媒体、信息安全、密码学和网络营销等。本文侧重的是前者，即广义上的电子商务。

的主体和客体产生了深刻的影响，对学科当然也不例外。

目前国内外学者对电子商务企业价值相关方面的研究一般包括如下两个方面。

2.1　电子商务内涵和盈利模式的研究

电子商务权威学者 Ravi Kalakota 和 Whinston(1996)[1] 首先提出了电子商务的架构理论，他们认为整个电子商务的应用包括供应链的管理、视频点播、在线采购、在线营销及广告、在家购物以及远程金融服务等。Paul Timmers(1999)[2] 把电子商务企业的盈利模式定义为一个集合了产品、服务和信息流的体系结构，包括了对于不同商业活动参与者以及他们所扮演的角色的描述，以及对于每个参与者能带来的潜在收益和收入源的描述。它包含三个要素：

（1）商务参与者的状态及其作用；

（2）企业在商务运作中获得的利益和收入来源；

（3）企业在商务模式中创造和体现的价值。

Linder 和 Cantrell(2001)[3] 用两维法对盈利模式进行分类，这两维分别是核心盈利行为维和价值连续体中的相对位置维，总结出 8 大类盈利模式：Price Models（价格模式）、Convenience Models（便利模式）、Commodity-Plus Models（商品附加模式）、Experience Models（经验模式）、Channel Models（渠道模式）、Intermediary Models（中介模式）、Trust Models（信托模式）、Innovation Models（创新模式）。中国社科院财贸所课题组(2000)[4] 基于 B2B 和 B2C 模式进行了进一步的细分，按照为消费者提供的服务内容的不同将 B2C 模式分为电子经纪、电子直销、电子零售、远程教育、网上预定、网上发行、网上金融等 7 类。将 B2B 模式分为名录模式、B2B 和 B2C 兼营模式、政府采购和公司采购、供应链模式、中介服务模式、拍卖模式、交换模式等 7 类。其中中介服务模式又可以细分为信息中介模式、CA 中介服务、网络服务模式、银行中介服务等 4 种。

2.2　电子商务企业价值方面的研究

一是战略视角下对电子商务企业价值研究。Jeferey 和 Sviokla(1995)[5] 提出了开发虚拟价值链的观点，旨在以新的信息技术对价值链进行结构上的改造。他们指出，进入信息时代后，价值链中的每一项价值增加活动都可以分为两个部分：一部分是在市场场所中基于物质资源的增值活动；而另一部分是在市场空间中基于信息资源的增值活动。物质增值活动构成了传统价值链，而与此相对应的信息增值活动则独立出来构成虚拟价值链。企业在市场空间中的竞争优势体现在比竞争对手更有效地进行信息的增值活动。虚拟价值链在为顾客创造价值的同时也开辟了一块全新的竞争领域，从而超越了传统意义上的竞争。Kaplan 和 Norton(1996)[6] 提出的平衡计分卡是主要从财务视角、顾客视角、业务流程视角和创新与学习的视角计量企业的知识资产。Ingo Deking(2001)[7] 提出了在改进平衡计分卡的基础上，把知识内涵带入平衡计分卡上的知识计分卡（Knowledge Scorecard）。Zott(2003)[8] 认为资源配置时机、成长和学习是动态能力的三种特征属性。研究发现：时机、成本和学习效应导致了具有相似动态能力的企业间的绩效显著差异，企业成长体现为企业边界、企业结构、企业行为和企业绩效。

二是知识资产的视角下对电子企业价值研究。Feltham 和 Ohlson(1995)[9] 提出知识资产影响企业价值的评价模型。Lev 和 Sougiannis(1996)[10] 利用超常收益率变量探讨和研究了知识资产与企业增长价值之间的关系和影响企业价值的因素。Sugumaran 和 Stephen(2002,2005)[11,12] 把知识管理看作是一种商务概念，他们认为，知识管理可以使商务过程实现自动化，缩短供应链的循环周期，加快组织内部以及组织与外部之间的信息交流和协同工作，其最终的目的是提升组织在商业行为中的各方面能力。Wonheum Lee 和 Sumi. Choi(2002)[13]利用知识转换倍数来探讨和研究了知识资产与企业增长价值之间的相关性。李志强(2006)[14]以沪、深两市高科技上市公司为研究对象,考察了无形资产对企业经营业绩的贡献,研究结果表明,无论是增量还是存量的无形资产均与企业未来的经营业绩呈正相关关系,但只有在 2002 年企业的无形资产对其经营业绩的影响比较显著,而在其他年份影响并不显著;无形资产对企业未来经营业绩的贡献逊于固定资产。并在此基础上,针对我国高科技企业的特点提出了相应的政策建议。江积海(2006)[15]提出了知识传导、动态能力与企业成长的逻辑关系。

通过以上对国内外研究现状的回顾可以发现,人们对于电子商务企业价值的研究是伴随着电子商务盈利模式的变化和网络经济的发展而进行的。对电子商务企业价值的研究中从战略的角度探讨企业价值的论文较多,从企业知识资产和各资产的贡献度角度研究电子商务企业价值的研究十分少见,本研究力图从资产细化角度研究电子商务企业的资产对企业价值的贡献度和资产的营运模式。

3 知识资产视角下电子商务企业价值评价模型

3.1 电子商务企业知识资产评价模型

为评价电子商务企业的电子商务价值和商务资产对企业价值的贡献能力,本模型在借鉴 Lev 和 Sougiannis(1996),Wonheum Lee 和 Sumi. Choi(2002)研究成果的基础上,利用现金流量折现方法和价值评价模型,导出电子商务企业的各资产对企业总价值的贡献程度。

3.1.1 营业价值评价模型:现金流量折现模型(Entity Approach)

一般营业价值的计算公式如下:

$$V_t = \sum_{\tau=1}^{\infty} \frac{E_{t+\tau}}{(1+R)^{\tau}} \tag{1}$$

式中,V_t:营业价值;$E_{t+\tau}$:营业利润;R:资本成本。

在 Cash Conservation Relation 中,假设企业全部附加价值保存于来年的投入资产。如果前年投入资产中减去折旧再加上净现金流量,就得出当年的投入资产。具体过程如下:

$$\begin{aligned} IC_t &= IC_{t-1} - DP_t + \Delta WC_t + FCF_t = (IC_{t-1} - DP_t + \Delta WC_t) + (CF_t - \Delta WC_t) \\ &= (IC_{t-1} - DP_t + \Delta WC_t) + (E_t + DP_t - \Delta WC_t) = IC_{t-1} + E_t \end{aligned} \tag{2}$$

式中,IC:投入资产=固定资产+净营运资本;FCF:净现金流量;WC:净营运资本;DP:固定资产的折旧;CF:现金流量=营业利润+折旧;E:营业利润。

3.1.2 投入资产的超常收益生成过程[16]

EVA(Economic Value Added)模型①是 20 世纪 80 年代后期,美国经营咨询机构 Sterm Stewart 公司,为弥补会计报表基础的评价方法而设计的。90 年代初期开始,美国、日本、欧洲等国广泛利用此方法进行企业评价。为了计算投入资产的超常收益率,我们可以引用 EVA 模型,计算公式如下:

$$AE_t = E_t - R \times IC_{t-1} = EVA_t \tag{3}$$

式中,AE:超常收益;E:营业利润;R:资本成本。

---

① EVA=投入资本×(投入资本收益率-加权平均资本成本)

把式(3)代入式(1)中,可以得出如下计算公式:

$$V_t = R \sum_{\tau=1}^{\infty} \frac{IC_{t-1+\tau}}{(1+R)^n} + \sum_{\tau=1}^{\infty} \frac{AE_{t+\tau}}{(1+R)^n} \tag{4}$$

假设资产增长率为0,利用无穷等比数列,可以得出公式(5)。

$$V_t = IC_t + \sum_{\tau=1}^{\infty} \frac{AE_{t+\tau}}{(1+R)^n} \tag{5}$$

借鉴 Feltham 和 Ohlson(1995)思路,假设 EVA 的生成过程是 AR(1)过程,我们可以写出如下计算公式:

$$AE_{t+1} = \omega AE_t + \varepsilon_{t+1} \tag{6}$$

式中,ω：反映超常收益的持续性(0 和 1 之间)；ε：残值。

把式(6)代入式(5)中,可以得出式(7):

$$V_t = IC_t + \sum_{\tau=1}^{\infty} \frac{AE_{t+\tau}}{(1+R)^\tau} = \left[\frac{AE_{t+1}}{(1+R)} + \frac{AE_{t+2}}{(1+R)^2} + \frac{AE_{t+3}}{(1+R)^3} + \cdots \right]$$

$$= \left[\frac{\omega AE_t}{(1+R)} + \frac{\omega^2 AE_t}{(1+R)^2} + \frac{\omega^3 AE_t}{(1+R)^3} + \cdots \right] + \left[\frac{\varepsilon_{t+1}}{(1+R)} + \frac{\omega \varepsilon_{t+1} + \varepsilon_{t+2}}{(1+R)^2} + \cdots \right]$$

因为

$$\left[\frac{\varepsilon_{t+1}}{(1+R)} + \frac{\omega \varepsilon_{t+1} + \varepsilon_{t+2}}{(1+R)^2} + \cdots \right] \approx 0$$

所以

$$V_t = IC_t + \sum_{\tau=1}^{\infty} \frac{AE_{t+\tau}}{(1+R)^\tau} = \left[\frac{\omega AE_t}{(1+R)} + \frac{\omega^2 AE_t}{(1+R)^2} + \frac{\omega^3 AE_t}{(1+R)^3} + \cdots \right]$$

$$= IC_t + \frac{\omega}{1+R-\omega} AE_t \tag{7}$$

因此,企业的价值可以写成:

$$TV_t = CS_t + V_t \tag{8}$$

式中,TV：企业价值；CS：财务资产(现金及现金等价物)。

3.1.3　电子商务企业知识资产生成过程

根据知识资产循环过程,可以算出知识资产,计算公式如下:

$$IA_t = a \times Z_t + (1-\delta) \times IA_{t-1} \tag{9}$$

式中,IA：知识资产；a：知识资产相关当年费用转换率；δ：累计的知识资产折旧率；Z_t：知识资产相关当年费用。

假设每年知识资产相关费用增加 ϕ 单位,Z_t 可以写成

$$Z_t = (1+\phi)Z_{t-1} \tag{10}$$

把式(10)代入式(9)中,可以得出式(12):

$$IA_t = a \times Z_t + (1-\delta) \times IA_{t-1} = IA_{t-1} = a \times Z_{t-1} + (1-\delta) \times IA_{t-2}$$

$$= \frac{Z_t}{(1+\phi)} + (1-\delta) \times IA_{t-2}$$

因为 $\quad IA_{t-2} = a \times Z_{t-2} + (1-\delta) \times IA_{t-3} = \frac{Z_t}{(1+\phi)^2} + (1-\delta) \times IA_{t-3}$

所以 $\quad IA_t = a \times Z_t + (1-\delta) \times IA_{t-1} = a \times Z_t + \frac{(1-\delta)Z_t}{(1+\phi)} + \frac{(1-\delta)^2 Z_t}{(1+\phi)^2} + \cdots (1-\delta)^{n-1} IA_{t-\tau}$

因为　　　　$\mathrm{IA}_{t-\tau} \rightarrow 0$

所以　　$\mathrm{IA}_t = a \times Z_t + (1-\delta) \times \mathrm{IA}_{t-1} = a \times Z_t + \dfrac{(1-\delta)Z_t}{(1+\phi)} + \dfrac{(1-\delta)^2 Z_t}{(1+\phi)^2} + \cdots = \dfrac{1+\phi}{\delta+\phi} a Z_t$　(11)

$$\mathrm{IA}_t = a \times Z_t + (1-\delta) \times \mathrm{IA}_{t-1} = \dfrac{1+\phi}{\delta+\phi} a \times Z_t \tag{12}$$

从式(12)中可以看出,知识资产的大小与 a、ϕ、Z_t 有关。

3.2　基于知识资产下企业价值评价模型

如果 AE_t^z 是知识资产资本化以后形成的超长收益率,AE_t^z[①] 可以用式(13)来描述:

$$\mathrm{AE}_t^z = E_t^z - R(\mathrm{IC}_{t-1} + \mathrm{IA}_{t-1}) \tag{13}$$

$$本期知识经营费用 = (1-a)Z_t + \delta \mathrm{IA}_{t-1} \tag{14}$$

利用式(14)求 E_t^z,可以得出式(15):

$$E_t^z = (E_t + Z_t) - \left[(1-a)Z + \delta \mathrm{IA}_{t-1}\right] \tag{15}$$

式(15)可以改写成式(16):

$$\begin{aligned} \mathrm{AE}_t^z &= E_t + aZ_t - \delta \mathrm{IA}_{t-1} - R(\mathrm{IC}_{t-1} + \mathrm{IA}_{t-1}) \\ &= \mathrm{AE}_t^A + aZ_t - (\delta + R)\mathrm{IA}_{t-1} \end{aligned} \tag{16}$$

参见式(5),把(16)代入 $V_t = \mathrm{IC}_t + \sum\limits_{\tau=1}^{\infty} \dfrac{\mathrm{AE}_{t+\tau}}{(1+R)^\tau}$ 中,可以得出式(17):

$$V_t = \mathrm{IC}_t + \sum_{\tau=1}^{\infty} \dfrac{\mathrm{AE}_{t+\tau}^Z - aZ_{t+\tau} + (\delta+R)\mathrm{IA}_{t+\tau-1}}{(1+R)^\tau} \tag{17}$$

假设 EVA 的生成过程是 $AR(1)$,可以把式(17)右侧的第二项写成:

$$\sum_{\tau=1}^{\infty} \dfrac{\mathrm{AE}_{t+\tau}^Z}{(1+R)^\tau} = \dfrac{\omega}{1+R-\omega} \mathrm{AE}_t^Z$$

式(17)右侧的第三项中,假设知识资产每年按 ϕ 的增长率增长,可以得出式(18):

$$\sum_{\tau=1}^{\infty} \dfrac{aZ_{t+\tau}}{(1+R)^\tau} = \dfrac{aZ_{t+1}}{1+R} + \dfrac{aZ_{t+2}}{(1+R)^2} + \cdots = \dfrac{a(1+\phi)Z_t}{1+R} + \dfrac{a(1+\phi)^2 Z_t}{(1+R)^2} + \cdots$$

$$= \dfrac{(1+\phi)}{R-\phi} aZ_t \tag{18}$$

把式(17)中的右侧第四项,代入 $\mathrm{IA}_t = \dfrac{1+\phi}{\delta+\phi} aZ_t$ 中,可以得出式(19):

$$(\delta+R)\sum_{\tau=1}^{\infty} \dfrac{(1+\phi)aZ_{t-1+\tau}}{(\delta+\phi)(1+R)^\tau} = \dfrac{(\delta+R)(1+\phi)}{(\delta+\phi)(R-\phi)} aZ_t = \left(\dfrac{1}{R} + \dfrac{1}{\delta}\right)aZ_t \tag{19}$$

上述三项值整理后,可以得出式(20):

$$V_t = \mathrm{IC}_t + \left[\dfrac{\omega}{1+R-\omega}R\right]\mathrm{AE}_t^z + \dfrac{a}{\delta}Z_t \tag{20}$$

把式(16)代入式(20)中,可以得出式(21):

$$V_t = \mathrm{IC}_t + \left[\dfrac{\omega}{1+R-\omega}R\right]\left[E_t - R \times \mathrm{IC}_{t-1} + aZ_t - (\delta+R)\mathrm{IA}_{t-1}\right] + \dfrac{a}{\delta}Z_t \tag{21}$$

---

① 传统会计记账中形成的超长收益(AE_t^A)与知识资产资本化以后形成的超长收益(AE_t^z)的差异在于本期知识经营相关的费用的计算上。

式中 IA_{t-1} 利用 $IA_t = \dfrac{a}{\delta}Z_t$ 模型，可以得出式(22)：

$$V_t = IC_t + \left[\frac{\widetilde{\omega}}{1+R-\widetilde{\omega}}R\right]IC_{t-1} + \frac{\widetilde{\omega}}{1+R-\widetilde{\omega}}E_t + \left[1-\frac{\widetilde{\omega}}{1+R-\widetilde{\omega}}R\right]\frac{a}{\sigma}Z_t \qquad (22)$$

式中，V_t：t 期企业价值；IC：投入资产＝固定资产＋净营运资本；E_t：t 期营业收入；Z_t：t 期知识相关费用；$\widetilde{\omega}$：超常收益持续性；R：资本成本；$\dfrac{\alpha}{\sigma}$：知识转换倍数。

$$V_t = b_0 A_t + b_1 A_{t-1} + b_2 E_t + b_3 Z_t \qquad (23)$$

$$b_0 = 1 \; ; \; b_1 = \frac{-\widetilde{\omega}}{1+R+\widetilde{\omega}}R \; ; \; b_2 = \frac{\widetilde{\omega}}{1+R-\widetilde{\omega}} \; ; \; b_3 = \left[1-R\times\frac{\widetilde{\omega}}{1+R-\widetilde{\omega}}\right]\frac{a}{\sigma}$$

4 实证研究

4.1 分析对象和基础统计量

4.1.1 样本选取的条件

样本的选取遵循以下条件：(1) 在 2004 年中国电子商务协会举办的"中国企业电子商务应用 500 强"中的上市企业；(2) 2004 年以前上市的公司；(3) 剔除股价和会计数据异常的公司。(4) 选取 53 家公司作为本研究的对象，数据来源是中国经济研究中心（CCER）数据库和各公司网站的资料，时期是 2005—2007 年。

4.1.2 确定知识资产

一般创新性企业的知识资产分为四大类，即技术资产、经营资产、市场营销资产和 Network 资产。具体包括如下几个方面：技术资产（研究开发相关费用：研究费、经营研究开发费、管理创新费、技术购置费），经营资产（办公人员相关费用：工资、奖金、退休金、福利、其他人工费），劳动资产（生产人员相关费用：工资、奖金、退休金、福利、其他人工费），经营资产（经营管理相关费用：经营层薪水、图书费、教育培训费、电算化相关费、招待费），市场营销资产（市场营销相关费用：促销费、保管费、样本费、包装费、海外市场开发费、出口费、A/S 费），Network 资产（投资有价证券、投资房地产和其他投资资产）。

4.1.3 变量的基础统计量分析

从表 1 中可以看出，市价总额、企业价值（市价总额＋负债额）、总资产、实物资产（固定资产）、运营资本和投入资本收益率每年都有所增长，但相应的成本增加幅度超过企业价值和资产的增加。

表 1　变量的基础统计量

	2005 年	2006 年	2007 年
权益市价/万元	279 555	339 764	425 352
企业价值（权益市价＋负债额）/万元	367 361	486 876	789 380
总资产/万元	411 111	499 653	582 674
实物资产（固定资产）/万元	312 163	336 695	198 078
无形资产/万元	11 142	15 846	20 568
运营资本（卖出债券＋在库资产＋买入债券）/万元	88 122	85 914	95 781

续表

	2005 年	2006 年	2007 年
负债/权益比率/%	58.8	63.54	62.77
投入资本收益率/%	9.97	10.76	10.29
研究开发相关费用/(管理费用+销售费用+营业费用)/%	2.70	2.62	1.99
管理人员工资/(管理费用+销售费用+营业费用)/%	4.47	4.67	4.34
管理费用/(管理费用+销售费用+营业费用)/%	11.36	11.95	11.84
销售费用/(管理费用+销售费用+营业费用)/%	7.59	7.97	8.32
投入资产/总资产/%	45.34	43.95	39.36
(现金+有价证券)/总资产/%	13.90	14.32	14.89
样本数	53	53	53

4.2 知识资产转换倍数

4.2.1 横截面分析

创新性企业价值评价中,知识资产转倍数的计算是最关键。知识资产转倍数是可以通过非线性模型来计算出来的。具体计算公式如下:

$$TV_t = b_0 CS_t + b_0 [PA_t + WC_t] + b_1 [PA_{t-1} + WC_{t-1}] + b_2 E_t + b_{3,t} Z_{i,t} \qquad (24)$$

式中,TV:市价总额;PA:固定资产+投入资产;WC:净营运资本;$Z_{1,t}$:本期研究开发费等;$Z_{2,t}$:本期经营资产相关支出等;$Z_{3,t}$:本期市场营销费等;$Z_{4,t}$:本期 Network 资产相关的支出等。

表 2 给出 2005 年技术资产的转换倍数最高,达到 63 并统计上显著,但到了 2006 年转换倍数降到 6,是 3 年中最低的。2006 年和 2007 年,市场营销资产转换倍数值达到 7 和 12,高于 2005 年的 4,并且统计上显著。2007 年,Network 资产达到 14 并统计上显著,这与 2007 年我国股市的一片飘红有关。

表 2   线性回归分析结果

	2005		2006		2007	
	计算值	T 值	计算值	T 值	计算值	T 值
收益持续性(ω)	0.44	1.131	0.65***	5.42	0.76***	3.46
资本成本(R)/%	26.37	0.57	24.23	1.08	19.48*	2.04
知识资产转换倍数$\left(\frac{a}{\delta}\right)$:						
技术资产	63**	2.75	6	1.38	17	1.63
经营资产	16	1.16	9**	2.12	11**	2.35
市场营销资产	4	0.24	7**	2.88	12**	2.72
Network 资产	3	1.36	4	0.96	14**	2.84
R^2	0.876		0.728		0.945	

注:1) *,** 和 *** 分别在 10%、5% 和 1% 的统计水平上显著。

4.2.2 各知识资产对企业价值贡献度分析

在知识资产类型的基础上,利用式(22)、(23)和(24),可以计算出各知识资产对企业价值贡献度的计算公式。具体公式如下:

现金资产的贡献度:$\dfrac{b_0 CS_t}{TV_t}$;　　　　　　实物资产的贡献度:$\dfrac{b_0 PA_t + b_1 PA_{t-1}}{TV_t}$

营运资产的贡献度：$\dfrac{b_0 \mathrm{WC}_0 + b_1 \mathrm{WC}_{t-1}}{\mathrm{TV}_t}$；　　　　利润的贡献度：$\dfrac{b_2 E_t}{\mathrm{TV}_t}$；

技术资产的贡献度：$\dfrac{b_{3,1} Z_{1,t}}{\mathrm{TV}_t}$；　　　　经营资产的贡献度：$\dfrac{b_{3,2} Z_{2,t}}{\mathrm{TV}_t}$；

市场营销资产的贡献度：$\dfrac{b_{3,3} Z_{3,t}}{\mathrm{TV}_t}$；　　　Network 资产的贡献度：$\dfrac{b_{3,4} Z_{4,t}}{\mathrm{TV}_t}$

从表 3 中可以得出如下结论，第一，2006 年和 2007 年，技术资产对企业价值的贡献度不高，比 2005 年分别减少了 14 和 12 个百分点。第二，虽然营销资产的投入加大，但对企业价值的贡献度不高。第三，实物资产对企业价值的贡献度最大。第四，2007 年，Network 资产对企业价值的贡献度仅次于营运资产。

表 3　线性回归分析结果　　　　　　　　　　　　　　　　%

		2005 年	2006 年	2007 年
传统价值	现金资产	6	10	3
	实物资产	23	21	15
	营运资产	9	15	20
	利润	2	5	4
知识资产价值	技术资产	18	4	6
	经营资产	27	22	21
	市场营销	4	11	13
	Network 资产	11	12	18
合　计		100	100	100

5　结论

电子商务对企业经营管理的影响作用一直是电子商务领域内研究的一个热点和重点，特别是在中国的电子商务逐渐重新升温的今天这个问题更值得研究。本研究拟从知识资产理论、企业价值理论和企业经营机制理论出发，本模型在借鉴 Lev 和 Sougiannis（1996）、Wonheum Lee 和 Sumi. Choi（2002）研究成果的基础上，利用现金流量折现方法和价值评价模型，导出电子商务企业的各资产对企业总价值的贡献程度。实证分析结论如下：

（1）本模型的最大特点是可以利用企业的财务信息和市场信息，算出企业的知识资产价值和各个资产对企业价值的贡献度。

（2）根据实证结果，技术资产对企业价值的贡献度不高，技术资产的知识转换倍数很低，这与我国上市公司的技术创新能力和企业的核心竞争能力不高有关。电子商务整体上还处于发展的初级阶段，实施电子商务企业的平均企业绩效比没有实施电子商务的要高。

（3）因国内大部分产品市场上出现供大于求的环境，营销资产的投入加大没能带来期待的收益和企业价值的贡献。中国制造业电子商务总体水平较低，企业电子商务网站的活动还以信息发布为主，很少有企业实施网上服务与网上交易。实施了电子商务的企业中，电子商务水平较高的一部分企业的电子商务活动对企业的综合绩效有正面的影响，而大部分企业的电子商务活动对企业绩效的作用不明显。

参 考 文 献

[1] Kalakota R, Whinston A B. Frontiers of Electronic Commerce[M]. Redwood City：Addison Wesley Longman Publishing Co. , 1996.

[2] Timmers P. Electronic Commerce：Strategies and Models for Business to Business Trading[M]. New York：John

Wiley & Sons Inc，1999.

[3] Linder J，Cantrell S. Changing business models：Surveying the landscape[J]. Working paper from Accenture Institute for Strategic Change，2001：2-14.

[4] 中国社科院财贸所电子商务课题组. B2C 模式电子商务发展的现状与前景分析[J]. 财贸经济，2000，12：48-53.

[5] Jefrey F，Sviokla J J. Exploiting the virtual value chain[J]. Harvard Business Review，1995,73(6)：75-85.

[6] Kaplan R，Norton D. The Balanced Scorecard：Translating Strategy into Action [M]. Boston：HBS Press，1996.

[7] Deking I. Knowledge scorecards—bringing knowledge strategy into the balanced scorecards[J]. Siemens，2001：45-60.

[8] Zott C. Dynamic capabilities and the emergence of intraindustry differential firm performance：Insights from a simulation study[J]. Strategic Management Journal，2003，24(2)：97-125.

[9] Ohlson J. Earnings，book values and dividends in security valuation[J]. Contemporary Accounting Research，1995，12：661-687.

[10] Lev B，Sougiannis T. The capitalization，amortization and value-relevance of R&D[J]. Journal of Accounting and Economics，1996：467-492.

[11] Sugumaran V. An agent-based knowledge management framework for the e-commerce environment [J]. Journal of Computer Information Systems，2002，42(5)：63-73.

[12] Stephen A O，David C Y，Jeffrey W M. A new strategy for harnessing knowledge management in e-commerce [J]. Technology in Society，2005，27：413-435.

[13] Lee W H，Choi S M. A venture company valuation model and the empirical study on the effect of intellectual asset value[J]. The Korean Journal of Finance，2002，15(2)：67-105.

[14] 李志强. 企业价值创新：变革新思路[M]. 上海：上海社会科学院出版社，2007.

[15] 江积海. 知识传导、动态能力与后发企业成长研究[J]. 科研管理，2006.1(1)：100-106.

[16] 朴哲范. 信息披露视角下企业价值评价理论及应用[M]. 杭州：浙江大学出版社，2008.

Evaluating the Value of E-Business Enterprises in the View of Knowledge Asset

PIAO Zhefan，SHEN Li

(Zhejiang University of Finance and Economics，Hangzhou，310018)

Abstract　This paper，from the theory of intellectual assets，enterprise value and the operational mechanism of enterprises，drawing on the Lev and Sougiannis (1996)，Feltham and Ohlson (1995) and Li Xinyuan (2002)，comes up with the evaluation model of intellectual assets and the contribution level of assets to the total value of enterprise. Firms whose names are listed in the "China's top 500 E-Business firms" edited by China Electronic Commerce Association in 2004 are selected. Firms whose share price and book data change unusually are excluded. So finally we obtained 53 companies and the database comes from China Center for Economic Research (CCER) database and companies' own website and the period is between 2005 and 2007. According to empirical results，the contribution of real assets is the greatest and the increase of the investment on marketing assets cannot enhance enterprise value and profit.

Key words　E-Business，Knowledge assets，Degree of Contribution，Enterprise value

作者简介：

朴哲范(1969—)男，朝鲜族，浙江财经学院金融学院，310018，副教授，博士，硕导。E-mail：piaozhefan@126.com。

沈莉(1972—)浙江财经学院金融学院，310018，讲师，硕士。

信息系统学报
（第7辑）：46－54

China Journal of Information Systems
46－54

技术接受模型研究的范式解析*

赵昆

（云南财经大学现代教育技术中心，昆明　650221）

摘　要　本文应用托马斯·库恩关于科学革命的相关理论，对技术接受模型（TAM）的研究进行正反两方面的分析和思考。首先，简要介绍库恩提出的"范式"及关于科学革命的相关理论，对TAM研究的发展及现状进行必要的讨论；其次，根据范式的概念和判断标准，分析TAM研究作为一种研究范式的学科地位，并按照范式的体系架构对其理论体系进行必要的梳理；最后，针对研究中存在的主要问题作进一步思考。通过分析，有助于进一步探讨TAM研究的科学基础和理论体系，深入认识TAM研究的意义、价值及其今后的研究方向。

关键词　技术接受模型（TAM），信息系统，范式，综述

中图分类号　C931.6，G645

1　引言

　　信息技术的广泛应用，使信息系统成为现代组织提高管理水平和能力的一个关键因素。而系统得到用户的真正接受和实际使用是实现其价值的基本前提[1]。因此，围绕解释和预测用户对信息技术的采纳行为，成为当前信息系统领域研究的热点问题。在该领域内，研究者以信息系统、心理学和社会学等学科的理论为基础，提出了许多重要的理论模型，如理性行为理论（Theory of Reasoned Action，TRA）、技术接受模型（Technology Acceptance Model，TAM）、计划行为理论（Theory of Planned Behavior，TPB）、创新扩散理论（Innovation Diffusion Theory，IDT）、社会认知理论（Social Cognitive Theory，SCT）、动机模型（Motivational Model，MM）等，并且出现了多种理论模型交叉融合的趋势[2]。其中，技术接受模型TAM（以下简称TAM模型）是最为重要的模型，在该领域的研究中受到了广泛关注。

　　TAM模型由Davis于1986年在他的博士论文中提出[3,4]。自TAM模型产生后，围绕TAM的研究逐渐成为用户对信息技术的采纳行为研究领域的主流，国内外很多研究人员，乃至硕士、博士研究生，均选择TAM模型作为研究课题展开研究，从实证研究、理论扩展、应用推广等方面做了大量工作，涌现出了大批研究文献和研究成果，逐步形成了一个独特的研究领域。迄今为止，仅对Davis于1989提出TAM模型的文献的引用次数就超过700余次——这在应用性学科研究领域中是一个极高的引用数[5]。

　　然而，TAM模型作为针对解决"用户对信息技术的采纳行为"这样一个具体问题而提出来的理论模型，为什么在信息系统领域中会产生如此巨大的诱惑力？各国研究者针对TAM模型的实证研究

---

　　*　基金项目：国家社会科学基金资助项目（06XTQ009），教育部科学技术研究重点项目（208128）。
　　　通信作者：赵昆，云南财经大学，教授，博士，E-mail：kzhao@ynufe.edu.cn。

和扩展或修正性研究,以及将 TAM 模型应用于其他一些信息技术应用背景(如电子商务、ERP 系统等)而进行的应用性研究,形成了当今信息系统学科中一道亮丽的"风景线",标示着信息系统学科研究的繁荣与发展,这其中有什么深层次的原因?围绕 TAM 模型的研究对整个信息系统学科的发展有何意义?还有,沿 TAM 模型所蕴涵的研究思路、方法和规范,是否能导致对"用户对信息技术的采纳行为"问题的圆满解决?如果不是的话,当前对 TAM 模型的研究,存在一些什么样的问题?今后的发展方向如何? ……诸如此类问题,在当前围绕 TAM 模型的研究如此"繁荣"的背景下,有必要进行深入的思考。

为此,本文运用著名后实证主义哲学家托马斯·库恩(Thomas Kuhn)提出的科学革命理论,对围绕 TAM 模型的研究进行初步思考,以对正确认识这些问题,明确今后的研究方向有所帮助。为了讨论方便,以下把围绕 TAM 模型的研究简称为 TAM 研究。

2 "范式"的概念及科学革命的过程

"范式"(paradigm),是库恩提出的一个重要概念。他在 1962 年出版的《科学革命的结构》[6]一书中,从科学研究领域的产生和发展角度,以范式概念为核心,提出科学革命理论。该理论是西方后实证主义哲学思想的一个重要代表,可以用来衡量一个科学研究领域成熟的程度。

2.1 范式的概念及其构成

范式,是指特定的"科学共同体"从事某一类科学活动的共同立场,共同使用的认识工具和手段[7]。实际上是指共同体从事科学活动所必须遵循的公认的"模型",包括共有的世界观、基本理论、范例、方法、仪器、标准等同科学研究有关的所有东西。

范式也可看作是介于科学共同体和外部自然之间的具有一定层次、结构和功能的独立系统,由观念范式、规则范式和操作范式三个要素系统构成[7]。观念范式,指一定时期内科学共同体"看问题的方式"的集合,即一套根据特有的价值观念和标准所形成的关于外部世界的形而上的信念,包括共有的世界观、方法论、信仰和价值标准;规则范式,指在观念范式基础上衍生出来,被科学共同体一致接受的专业学科的基本概念、定律、定理规则、学习方法等,包括可以进行逻辑和数学演算的符号系统;操作范式,指一些公认的或具体的科学成就、经典著作、工具仪器、已解决的难题以及未解决但已明确了解决途径的问题。范例就是根据公认的科学成就做出的典型的具体题解,科学共同体的成员就是通过学习范例,掌握范式,学会解决同类问题的方法。

就其本质来看,范式是一个具有整体性的认识世界的框架和价值标准,是集信念、理论、技术、价值等为一身的一个范畴。范式规定了学科的理论体系、基本观点和研究方法,提供了共同的理论模型和概念框架。所以,范式是使一门学科或一个研究领域成为科学的必要条件和成熟标志。

2.2 科学革命的过程

库恩描述的科学革命即是科学研究从混乱到统一、由无序到有序的发展过程,而且是一个不断循环反复的过程,这一过程,可以描述如图 1 所示。

任何一门科学在形成公认的范式之前,处于学派林立、各种理论纷繁多样、相互竞争的前范式时期。通过相互竞争之后形成共同的范式,随之进入常规科学时期(normal science),这时科学共同体就在范式的指导下进行"解谜"活动。

常规科学研究是一个知识高度聚集的过程,它扩展了科学知识的广度和精度。但是当常规科学

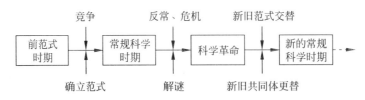

图 1　库恩描述的科学革命图景

发展到某种阶段，在科学研究过程中就会发现一些"反常"现象，这些"反常"现象总是经常出现，以至于现有的范式理论已经不能解决这些"反常"现象，对现存范式下知识体系的核心提出了挑战和质疑，这时就产生了危机，迫切需要一个崭新的理论体系来解决这些"反常"现象。再次通过竞争，只要有一个理论体系能够使"反常"现象得到解决，从而就取代了旧有的范式，新的范式就产生了，这样就完成了一次科学的革命。

3　TAM 研究发展及其存在的问题

3.1　TAM 研究概述

TAM 模型的理论核心来源于 Fishbein 和 Ajzen 提出的理性行为理论[8]。理性行为理论以"理性人"为前提，认为在个体的行为选择是理性的条件下，其因接受信息或劝告而导致的行为变化就可以预测。在此基础上，理性行为理论提出如果知道个体的信念（Beliefs）、态度（Attitude）和行为意向（Behavior Intention），就能够预测其行为。根据该理论，Davis 再引入感知有用（Perceived Usefulness，PU）和感知易用（Perceived Ease of Use，PEU）两个外部信念来描述用户接受信息技术的影响因素，提出了 TAM 模型。研究表明，TAM 得到了大量实证研究的支持，它能够解释 40% 的个人行为意向的变化，与其他相应的理论模型相比较具有明显的优势[1]。

TAM 模型以其简约性（Parsimony）、鲁棒性（Robust）和解释能力得到了肯定，多数关系得到了大量实证研究的支持。而对部分构建（如"感知易用"和"态度"）在模型中的作用的认识上则存在分歧。此外，影响感知有用和感知易用的因素又是什么？解决这些问题对提高模型的解释能力具有重要意义。为此，Venkatesh 和 Davis 对 TAM 进行了改进，于 2000 年提出扩展模型 TAM2[1]，引入社会影响过程和认知过程两方面因素来对感知有用和行为意向的影响因素进行解释。

为了提高 TAM 模型的解释能力，还有研究者引入计划行为理论、创新扩散理论和社会认知理论等其他理论与 TAM 模型进行交叉融合。这种研究思路虽然使其研究成果巨大地丰富了人们对用户的技术接受行为的知识，但是不同的模型所包含的用户行为的影响因素各有不同，影响因素的观测变量也各有所异，各种模型都具有其优势和不足。有研究表明[9]，观测感知有用的变量由最初的 6 个扩充到了 50 多个，观测感知易用的变量也由 6 个增加到了 38 个。这种状况，使研究和应用人员对各种各样的模型和影响因素难以取舍，产生了一定程度上的理论混乱。针对这种状况，Davis 和他的合作者 Venkatesh 等在对理性行为理论、TAM 模型、动机模型、计划行为理论、TAM-TPB 整合模型（Combined TAM and TPB，C-TAM-TPB）、PC 利用模型（Model of PC Utilization，MPCU）、创新扩散理论和社会认知理论等 8 种理论模型分析综合的基础上，于 2003 年提出了著名的统一技术接受模型 UTAUT（Unifed Theory of Acceptance and Use of Technology）[10]。其目的，正如模型的名称所示，试图通过一个模型将各种相关的理论模型"统一"起来。据称，UTAUT 模型对用户行为意向和使用行为的变化的解释能力分别达到了 75% 和 50% 以上[11]。

经过 20 多年的研究,以 Davis 等人研究成果为标志的 TAM 研究,已经进入了一个鼎盛时期。对 TAM 进行研究和改进的思路主要有:一是如 Davis 等人的思路,针对 TAM 模型的基础理论即理性行为理论的不足而进行;二是将 TAM 模型应用于不同的信息系统应用背景,针对应用背景的特征而进行。此外,针对 TAM 及其他相关模型而进行的实证研究,也成为该领域的重要内容之一。目前 TAM 模型已被广泛应用于多种信息系统的采纳研究中,从简单的系统(如电子邮件系统、Windows 操作系统、在线学习系统、文字处理系统等),到复杂的系统(如电子商务系统、ERP 系统、决策支持系统等);从基础性软件到各行各业的应用系统,都产生了大量的研究和应用成果。

3.2 TAM 研究中存在的问题

TAM 研究是不断发现问题和解决问题的过程。这一过程,不仅推动了 TAM 研究的不断深入,也促进了对 TAM 研究的反思和批评的深入。在针对 TAM 模型出现的不足,努力去修正、补充和扩展,试图去"完善"模型的同时,也有很多研究者以哲学的眼光,从另一角度来审视 TAM 研究及其所产生的问题。其中比较典型的评论有:

(1) Silva 认为,TAM 研究没有对模型所蕴涵的哲学思想及认识论基础进行过仔细的审视,需要明确在什么样的程度上它符合关于因果关系和实证研究所建立的科学理论的标准[9]。在研究中,我们通常参照某个或某些研究范例,去提炼理论模型或者是进行实证研究。例如,在某个研究模型中添加或删除一些变量或构建,或者改变原模型中的构建关系,这种做法是否具有科学合理性?针对某种具体应用条件下进行的实证研究得到的结果的可靠性如何?又具有什么程度上的普遍性?

(2) Benbasat 和 Barki 指出,TAM 研究出现"过热"现象,这种现象产生了一些副作用[12]。例如,它没能对技术采纳前后的"前因"(如信息系统的人为设计特征)和"后果"给予必要的考虑和充分的研究,其研究成果使人产生知识"积累"和"进步"的虚幻假象;它缺乏如何扩展和应用其核心模型的系统性方法和可靠的、能被普遍接受的理论基础,而是在不断变化的技术采纳背景下,对 TAM 模型采取"打补丁"式的研究方式,从而导致了理论上的混淆和混乱。因此,TAM 研究得到的知识呈琐碎纷杂状态,整体相关性极低[5]。

(3) TAM 模型用信念、态度、行为意向,以及感知易用和感知有用等几个构建之间简单的关系给出了描述用户行为的基本"公式",这是它的最大优点——模型的简约性。但是,Bagozzi 认为,这一特点又会把研究者诱入为追求模型的简约性而忽视关键的决策和行为因素这样一个误区,从而产生了研究的局限性[5]。

上述问题集中反映了 TAM 研究中存在的普遍甚至是根本性的问题。对这些问题进行深入思考和分析,对理解 TAM 研究的意义及价值,以及把握 TAM 研究的发展方向,具有重要意义。

4 技术接受模型研究范式解构

用库恩的范式理论来分析 TAM 研究,产生这样几个问题:TAM 研究的成就能形成一个研究范式吗?如果能,那么,它公认的一般性原理、假设以及相应的定律、技术等科学手段是什么?TAM 研究"解谜"活动的内容是什么?面对 TAM 研究中出现的"反常"现象,现有的范式能否解决?如不能的话,是否有新的范式产生?换言之,TAM 研究是否面临着所谓的"范式危机"(paradigmatic crisis)[5,9],或者正酝酿着科学的革命?

4.1　TAM 研究的范式概念解析

如何来判断 TAM 研究能否形成一个范式？按照库恩的理论,范式通过基本的模型以及与此相联系的产生知识的做法,使该学科的相关活动"制度化",从而规定该学科的主体范畴（subject matter）,即观念范式。这种基本模型和知识产生的做法就成为范式的特征。因此,库恩后来又把范式称为"学科基质"（disciplinary matrix）。一项科学研究能成为一个范式或者学科基质,有两个基本特征[6]：一是其成就空前地吸引一批坚定的拥护者,使他们脱离科学活动的其他竞争模式；二是这些成就又足以无限制地为重新组成的一批实践者留下有待解决的种种问题。符合这两个基本特征的科学研究就可以称为"范式"。范式形成以后,科学研究的任务,就如同进行智力游戏一样,在一定的问题框架内,遵循一定的规则和研究思路,采用一定的方法和工具,进行"解谜"（puzzle-solving）活动。于是,这一科学成就就成为一种常规科学。

从关于用户对信息技术的采纳行为领域的研究中,我们可以看到,尽管有理性行为理论、TAM 模型、动机模型、计划行为理论、创新扩散理论和社会认知理论等多种相互竞争的理论模式存在。但是,20 多年来,TAM 模型一直是该领域中的主流模型,在多种模型的交叉融合中,各种模型（包括在针对电子商务、ERP 应用等具体应用背景的扩展模型）的差异,主要表现在外部信念的取舍或各种影响关系的组合差异,这种差异没有完全改变 TAM 模型及理性行为理论关于理性人及理性行为的假设（即信念、态度和行为意向之间的关系假设）,它们仍然是构成各种主要模型的核心,TAM 模型提出的感知有用与感知易用,也是各种模型的基本构建,如图 2 所示。一言以蔽之,理性行为理论关于"理性人"的"世界观"及 TAM 模型给出的感知有用与感知易用"二元视角",组成了 TAM 研究中的观念范式。

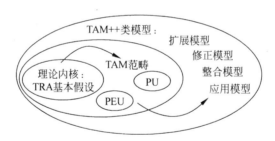

图 2　TAM 研究演进"谱系"

TAM 模型所取得的成就,无论是从相关研究的数量,还是它们所采取的研究思路和方法来看,是其他相竞争的理论模型不能相比的。TAM 模型无可争议地在该领域中确立了其核心地位。同时,作为一个基础模型或研究范例,TAM 模型所体现的研究思路和方法,以及所采取的研究手段（如各种统计检验方法的应用）,不仅规范了该领域的主体范畴,为该领域的研究者解决领域内其他问题（如 TAM 模型在各种应用背景下的实证研究和应用扩展）建立起"制度化"的体系架构。并且,在日益丰富和发展的信息技术应用广阔背景下,它所留下的问题（针对各种信息系统及应用背景的实证研究、如何提高 TAM 模型的解释能力等）,足以成为一批又一批实践者进行"解谜"活动的工作内容。因此,TAM 研究已经具备了范式的两个基本特征,是一种常规科学。

4.2　TAM 研究的任务及其发展

常规科学的研究任务就是"解谜"。当一个范式确立之后,研究工作就集中于对范式的认同方面。

如果在研究中发现对理论的"反常"现象,常规的思路不是去怀疑范式的正确与否,而是首先对其他因素进行质疑,包括所使用的方法、工具以及理论的应用是否得当等方面。

证实性(confirmatory)实证研究是 TAM 研究中"解谜"活动的最主要任务。即以 TAM 相关模型为基础,在 TAM 范式的框架内,遵循 Davis 等人的研究思路,去"证实"(confirm)包括修正和扩展模型在内的各种"TAM+"、"TAM++"模型在各种应用背景下的有效性;或者根据不同的应用背景,在范式的框架内提出相应的应用模型并进行实证检验。因此,我们看到了大量与 TAM 模型相关的研究文献的涌现。例如,在不同国家和文化背景下的跨文化研究、针对 ERP 和电子商务等复杂信息系统应用的研究、针对原有的各类信息系统以及不断出现的新的信息系统应用的研究……如此等等。

在 TAM 研究中,我们同时也发现 TAM 模型不是万能的,也不是完美无缺的。TAM 模型所具有的 40%的行为变化的解释能力以及其他改进模型的解释能力(如 UTAUT 模型),不足以确保 TAM 模型在该领域中的牢固地位。TAM 模型同时也受到各种应用系统和应用背景的挑战。不管是什么原因,这些 TAM 模型不能解释的行为变化,成为了对 TAM 模型形成挑战的"反常"现象。然而,TAM 研究之所以能成为一种范式,原因在于,在这些"反常"现象的挑战面前,多数研究者还是在 TAM 模型"划定"的范畴内去寻求问题的解决办法。如同爱因斯坦之前的物理学家一样,总是用牛顿的方法去计算行星运动的轨迹,用牛顿的理论去解释那些不守"规矩"运动的行星现象。

然而,随着 TAM 研究的不断深入和研究数量的增加,这些"反常"现象亦不断出现。按照库恩对科学发展图景的描述,当这些"反常"现象不断增加,以至于现有的范式理论已经不能解决这些反常现象时,就会对现存范式下知识体系的核心提出质疑和挑战,这时就产生了危机。面对当前 TAM 研究所取得的成果(大量的文献以及众多的扩展模型)以及所产生的若干问题,要回答这些问题带来的"反常"现象是否意味着 TAM 研究正面临着范式危机,或正酝酿着科学革命,这是一个值得深入思考的问题,讨论如后。也许,这是一个与"反常"现象的聚集无关,是有无更好替代模式的问题。但是,不管对该问题的回答是肯定还是否定,有一点值得注意:在 TAM 研究的范畴内我们能走多远? 这是一个极为重要的学科性问题!

4.3 TAM 研究的方法体系

作为一种科学范式,TAM 研究所形成的包括共有的世界观、基本理论、范例、方法、仪器、标准等同科学研究有关的所有东西在内,供研究者从事"解谜"活动的系统化的"科学工具"(即规则范式和操作范式)如何呢?

从 TAM 研究的大量文献中我们可以看到,TAM 研究过程通常由两个重要的环节构成:理论形成(theory development)和实证研究(empirical research)。

(1)理论形成方法。以文献分析方法为主,即以 TAM 模型为基础,通过对与研究主题相关的研究文献进行分析,结合解决问题的需要,提出改进或扩展的研究模型。如何判断研究文献的相关性、如何选取模型的构建要素以及观测变量等都具有较大的自由度。模型的提炼与研究者对 TAM 模型和应用问题的理解及研究者自身的能力有密切关系。例如,仅从 TAM、TAM2 和 UTAUT 模型就可以看到各种构建要素上的差异。

(2)实证研究方法。TAM 研究中,为了检验模型的有效性,引入了实证研究中的假设检验方法。即针对模型结构,提出需要检验的若干假设,通过问卷调查方法收集数据,并采用常用的测量方法,如李克特(Likert)量表,对模型中的构建要素和变量进行观测,然后综合运用统计检验中的因子分析、回归分析、结构方程模型、主成分分析、偏最小二乘法（PLS）等多种方法，对数据进行分析处理，以对模型进行证实性实证研究，检验模型的有效性和适应性。我们可以看到，正是由于引入了这种检验方法，使得研究者具有了从事"解谜"活动的基本科学工具。

5　结论与讨论

通过上述分析，可以将 TAM 研究的基本范式特征归纳如表 1。

表 1　TAM 研究范式特征

体系内涵		特征描述
观念范式	研究领域	关于用户对信息技术的采纳行为
	应用对象	信息系统、信息技术
	信仰和价值标准	系统得到用户的真正接受和实际使用是实现其价值的基本前提
	"世界观"及理论基础	理性人假设；TRA、TAM 关于感知有用、感知易用、态度、行为意向和行为之间关系的基本观点
规则范式	基本概念	感知有用、感知易用、态度、行为意向及其他外部信念
	基本"定律"	TAM、TAM2、UTAUT 等模型关于感知有用、感知易用、态度、行为意向和行为之间关系的描述
	学习和知识产生规则	不详
操作范式	研究任务	围绕 TAM 的修正、补充和扩展；对各类"TAM＋＋"模型及应用模型进行理论及证实性实证研究
	研究范例	Davis 等关于 TAM、TAM2、UTAUT 模型的研究等文献
	基本科学方法和工具	理论形成：文献分析、理论分析方法 实证研究：问卷、李克特量表及因子分析、回归分析、结构方程模型、主成分分析、偏最小二乘法等统计检验方法
	"异常"现象及其处理方式	对 TAM 及其他模型 40％、70％的解释能力的理解；各类应用背景下产生的用户采纳问题的处理；采用修正、补充和扩展方式提出"TAM＋＋"模型。
成熟阶段		常规科学

通过上述分析，我们清楚看到了 TAM 模型在"用户对信息技术的采纳行为"研究领域中的科学地位，还看到了 TAM 研究作为一种范式的常规科学体系架构。通过对 TAM 研究的范式解析，我们更能够对 TAM 研究中的一些重要问题作进一步思考。总结如下：

（1）毫无疑问，TAM 研究已经形成一个能够作为常规科学的范式。可检验性，是 TAM 模型的一个显著特点，是 TAM 研究能够吸引众多的研究人员的重要原因之一，也是 TAM 研究能够成为一个研究范式的重要判据。从发展的角度看，TAM 研究是信息系统研究领域的一大进步——这是 TAM 研究应有的学术地位。

（2）当前 TAM 研究的主要任务是在范式架构内进行证实性研究的"解谜"活动。但是，对出现的"反常"现象，是否能按范例提供的研究思路去解决，或者这些"反常"现象在现有的范式内无法解决，必须采用新的范式？对这一问题，还没有明确的答案。可以明确的是，尽管有研究者对 TAM 研究形成的现有范式解决反常问题的能力提出了质疑[5,9,12]，也有研究者提出了以其他理论为基础的模型或者提出了其他的研究思路，如文献[5]、[11]、[13]、[14]等。但尚未产生能够替代 TAM 模型在"用户对信息技术的采纳行为"研究领域中主流地位的模型。

（3）TAM 研究引入了许多统计方法作为其实证研究的基本工具，我们也可以通过学习 TAM 研究的范例来处理所面临的具体问题，或者沿范例的思路来对 TAM 模型进行修正性和扩展性研究。但是，如何由公认的基本模型（TAM 的基本内核）推导出解决特定问题的应用模型，如何进行模型的修正、补充和扩展，以及如何进行变量的选择等，却没有一个可以遵循的基本原则和系统性的方法体系，我们尚缺乏无论是"显式"还是"隐性"的关于理论形成的"规则范式"体系。如果把各种模型的产生视为知识积累的过程，那么，产生知识的"规则"是什么？因为"无章可循"，研究者可以、也不得不在 TAM 研究留下的这种"制度化外"的自由地带中，根据自己的理解，甚至主观意愿，"任意"去对模型进行修正和扩展。不能不说这是 TAM 研究的一个重大缺憾！也因为这一缺憾，使得 TAM 研究呈现出一定程度的混乱状态。因此，我们无法去判断大量涌现出来的对 TAM 及相关模型的修正和扩展性研究文献，是成果的丰富还仅仅是现象的堆积，是新知识的涌现还是同质知识的叠加。也无法去判断，这种涌现现象是否能导致理论的突破或科学革命的发生。

（4）TAM 研究范式与外部自然之间的边界是不清楚的。即 TAM 及其他相关模型适应于什么样的情况？或反之，在什么样的情况下 TAM 模型不适应？甚至于针对两个相似或相同的应用问题，也不能判断应用 TAM 模型是否能得到相似或相同的结果。我们知道 TAM 模型能解释 40％的个人行为意向和行为的变化，UTAUT 则达到了 70％，但哪些问题在 40％或 70％以内，哪些又在之外？本文认为，正因为如此，使得 TAM 模型的实际应用价值受到了很大的质疑；也正因为如此，使得我们无法去判断解释能力由 40％提高到 70％，是否是研究的进步？由 TAM 发展到 TAM2 再到 UTAUT 模型或其他，是理论的进步与否？

参 考 文 献

[1] Venkatesh V, Davis F D. A theoretical extension of the technology acceptance model：Four longitudinal field studies[J]. Management Science，2000，46(2)：186-204.

[2] 王玮. 信息技术的采纳和使用研究[J]. 研究与发展管理，2007，19(3)：48-55.

[3] Davis F D. A Technology Acceptance Model for Empirically Testing New End-User Information Systems：Theory and Results[D]. Massacussetts：Massacussetts Institute of Technology，1986.

[4] Davis F D. Perceived Usefulness, Perceived Ease of Use, and User Acceptance of Information Technology[J]. MIS Quarterly，1989，13(3)：319-340.

[5] Bagozzi R P. The legacy of the technology acceptance model and a proposal for a paradigm shift[J]. Journal of the Association for Information Systems，2007，8(4)：244-254.

[6] 托马斯·库恩. 科学革命的结构[M]. 金吾伦，胡新和，译. 北京：北京大学出版社，2003.

[7] 李蓉，陈志刚. 论范式理论在经济学发展研究中的应用[J]. 武汉科技大学学报（社会科学版），2006，8(1)：22-26.

[8] Fishbein M, Ajzen I. Belief, Attitude, Intention, and Behavior：An Introduction to Theory and Research[M]. Reading, MA：Addison-Wesley，1975.

[9] Silva L. Post-positivist Review of Technology Acceptance Model[J]. Journal of the Association for Information Systems，2007，8(4)：255-266.

[10] Venkatesh V, Morris M G, Davis G B, et al. User acceptance of information technology：Toward a unified view [J]. MIS Quarterly，2003，27(3)：425-478.

[11] Schwarz A, Chin W. Looking forward：Toward an understanding of the nature and definition of IT acceptance [J]. Journal of the Association for Information Systems，2007，8(4)：230-243.

[12] Benbasat I, Barki H. Quo vadis, TAM? [J]. Journal of the Association for Information Systems，2007，8(4)：211-218.

[13]   Pavlou P A，Fygenson M． Understanding and predicting electronic commerce adoption：An extension of the theory of planned behavior[J]． MIS Quarterly，2006，30(1)：115-144．

[14]   Compeau D R，Meister D B，Higgins C A． From prediction to explanation：Reconceptualizing and extending the perceived characteristics of innovating[J]． Journal of the Association for Information Systems，2007，8(8)：409-439．

A Paradigm Study on Technology Acceptance Model Research

ZHAO Kun

(Center of Modern Education Technology，Yunnan University of Finance and Economics，Kunming 650221)

Abstract   Applied with Thomas Kuhn's theory on the structure of scientific revolutions，this paper analyses the progress of technology acceptance model (TAM) research from both the positive and negative aspects. Firstly, the concept of paradigm and several notions drawn from Kuhn's theory are discussed and a brief history of TAM research is reviewed. Then a paradigm-based analysis on TAM research is conducted and a theoretical framework of the research is outlined according to the concept and criterion of a paradigm. Finally, further consideration related to some important issues of the research is discussed. The work of this paper will be helpful in exploring the scientific foundation and theoretical framework，and in well understanding the implication，practical value and developing directions of TAM research.

Key words   Technology acceptance model (TAM)，Information systems，Paradigm，Review

作者简介：

赵昆（1963— ），男，云南泸西人，教授，博士。研究方向：信息系统的采纳与实施，信息管理与信息系统等。E-mail：kzhao@ynufe. edu. cn。

信息系统学报
（第7辑）：55－65

China Journal of Information Systems
55－65

即时通讯产品的用户选择及继续使用行为研究*

张千帆，汪敏

（华中科技大学管理学院，湖北武汉 430074）

摘　要　即时通讯市场的竞争日益激烈，对用户选择及继续使用行为的研究是制定有效的竞争策略、占有更多市场份额的必要前提。本文综合了技术接受模型（TAM）和期望确认模型（ECM），从期望差距、感知有用性、感知易用性、感知娱乐性、感知风险、感知费用、感知激励和网络外部性8个方面构建了用户选择和继续使用某种即时通讯产品的行为意向研究模型。通过问卷调查收集数据，利用统计软件 SPSS 对模型量表进行信度和效度分析，并采用结构方程模型的分析软件 Lisrel 对研究模型的假设进行了检验，最后对研究结果进行讨论，并提出了对策建议。

关键词　即时通讯，TAM，ECT，继续使用意向，结构方程模型

中图分类号　C931

1　研究背景

作为互联网免费服务中最早被网民认知并接受的互联网服务之一，即时通讯（Instant Messaging，IM）软件在慷慨的服务于广大网民数年之后，获得的了巨大的网民基础。伴随着互联网的普及，互联网和无线业务的不断扩展，即时通讯各种盈利面的增加，即时通讯已不仅仅是一个网络寻找好友的工具，更是一个地地道道的通讯工具和新的利润增长点。即时通讯也成为继手机短信、免费邮箱和搜索引擎之后，互联网的又一个竞争重点。

国内即时通讯市场，大致可分为三类：（1）以腾讯 QQ 为代表的专业 IM 企业；（2）国际 IT 巨头，如微软 MSN Messenger、Yahoo! Messenger、AOL Instant Messenger 等；（3）国内门户网站，如网易 POPO、Sina UC、Tom Skype 等。此外，中国移动的飞信、中国联通的超信、百度的百度 hi 也纷纷强势推出。综上所述，在接下来的一二年内，IM 市场的竞争将是空前激烈的。如何吸引新用户加入以及促使老用户继续使用自己的即时通讯产品将成为每个 IM 企业关注的焦点。

国内外学者对即时通讯的相似产品的接受和使用行为进行过研究。Sheppard 等提出的理性行为理论已经在众多领域被证实可以有效地测量用户的行为意向和实际行为。该理论既可以为用户接受研究所用，也可以被用户继续使用研究所采纳[1]；Davis 在此基础上对理性行为理论进行修正并提出了 TAM 理论模型。该模型提出的目的是为了得到一个简洁明了的理论基础，用于跟踪外部变量是如何影响内部信念的。其中感知易用性和感知有用性是 TAM 中两个非常重要的信念[2]；Anol Bhattacherjee 对电子商务用户继续使用行为分析后指出：期望差距，感知有用性以及用户满意度对用户继续使用行为有很大的影响；同时期望差距也会影响感知有用性和用户满意度，还对电子商务用

---

* 基金项目：国家自然科学基金重点项目"移动商务的基础理论与技术方法研究"（70731001）、教育部新世纪人才支持计划（NCET-08-0233）。

通信作者：张千帆，华中科技大学管理学院，副教授，E-mail：qianfan_zhang@sina.com。

户继续使用行为建立了理论模型，并通过调研验证了模型[3]。

本文以技术接受模型（TAM）和期望确认模型（ECM）为理论基础构建研究模型，并用实证调研来验证设想是否成立，以此来对即时通讯产品的用户选择和继续使用行为进行研究。

2 研究理论及假设模型

2.1 技术接受模型及网络外部性

技术接受模型（TAM）是 Davis 等[4]运用理性行为理论，研究用户对信息系统的接受情况所提出的一个模型。TAM 是目前信息系统研究领域中最优秀的技术接受理论之一。自从 TAM 提出之后，因为其简洁的形式以及较好的解释能力得到了广泛的推广和应用。从早期的个人计算机、电子邮件系统、文字处理软件以及电子制表软件到目前的知识管理系统、ERP 应用系统、电子商务方面的各种复杂的应用系统都采用 TAM 的研究。TAM 提出了决定技术接受的主要因素有两个：

（1）感知的有用性（perceived use-fullness，PU），反映一个人认为使用一个具体的系统对他工作业绩提高的程度；

（2）感知的易用性（perceived ease of use，PEOU），反映一个人认为容易使用一个具体的系统的程度[2]。

将技术接受模型应用到具体的环境中时，需对技术接受模型做相应的修改或者增加一些外在的变量。比如，感知风险应用于在线购物的研究；感知娱乐性应用于万维网的研究等。这些在具体应用环境中被延伸的技术接受模型比原来的技术接受模型能够更好地对使用者的行为做出预测和解释。结合本文有如下假设：

H1：感知易用性对感知有用性有正向影响。

H2：感知有用性对继续使用意向有正向影响。

H3：感知易用性对继续使用意向有正向影响。

H4：感知费用对继续使用意向有负向影响。

H5：感知风险对继续使用意向有负向影响。

H6：感知激励对继续使用意向有正向影响。

网络外部性理论是指当一种产品对用户的价值随着采用相同产品或可兼容产品的用户增加而增大时，就出现了网络外部性。研究表明，信息系统采纳需要众多的用户参与，从而产生一种集体行为。几乎没有用户愿意单独使用某项技术，在信息系统领域，用户对数量的安全感更为强烈。一种即时通讯产品的流行需要广大用户的支持，用户越多，使用者会觉得该产品越有用，这正是属于一种典型的网络外部性效应。因此结合本文研究，有如下假设：

H7a：网络外部性对感知有用性有正向影响。

H7b：网络外部性对感知易用性有正向影响。

H7c：网络外部性对继续使用意向有正向影响。

2.2 期望确认理论

期望确认理论起源于 Festinger 在 1957 年提出的认知不一致理论，用来描述人们在认知不一致时，是如何调整随后的认知和行为的。

Oliver（1980）在认知不一致理论的基础上提出了期望确认理论（ECT），ECT 理论认为客户重复购买意向和他们过去的经历紧密相关,满意的经历是他们和产品或服务供应商建立长期关系的重要驱动力[5]。

该理论认为客户继续使用意向的形成过程如下:首先,用户在购买产品或服务前会形成一个预期。接着,客户会接受并使用这个产品,经过一段时间的消费经历之后,他们会形成对这个产品或服务的绩效认知。之后他们会将购买前的预期和实际的感知绩效进行比较,以证实当初的预期有多少被确认,有多少未被确认,而这个体验差距和当初的预期都将会影响用户的满意度,满意度又会影响用户的继续使用意向。满意的客户会重复购买,而不满意的客户则可能不会继续使用这项产品或服务。

ECT 理论的有效性已经在不同的产品重复购买和服务继续使用研究中得以证实。Oliver(1993)将该理论用于汽车产品的重复购买和营销专业必修课程的连续出席研究中,并证实了该理论的有效性[6]。本文认为,用户接受即时通讯产品与继续使用该产品是有差别的,用户在确认这种期望差距的时候,会影响其继续使用行为,因此假设:

H8:期望差距对继续使用意向有负向影响。

2.3 TAM/ECT 整合模型

TAM 的目的是研究创新或新技术如何被用户接受,而非接受后的继续使用。因此该理论没有区分用户接受和继续使用之间影响因素的变化。但前人的很多研究都证实了接受和继续使用两者之间是存在着差别的(Howard & Sheth,1969)[7],因而使用 TAM 模型研究信息系统用户的继续使用存在一定的缺陷。本文在前人的基础上对 TAM 模型进行了扩展,增加了感知娱乐性、感知费用、感知风险以及感知激励 4 个因素,并引入了网络外部性。同时为了克服 TAM 模型在研究用户继续使用行为上的不足,本文吸取 ECT 理论的优点,并将其整合到 TAM 扩展模型中,以期对用户接受和继续使用意向做出更好的解释[5]。根据以往的研究,综合上述理论可以做出如下假设:

H1:感知易用性对感知有用性有正向影响。

H2a:网络外部性对感知有用性有正向影响。

H2b:网络外部性对感知易用性有正向影响。

H2c:网络外部性对继续使用意向有正向影响。

H3:感知有用性对继续使用意向有正向影响。

H4:感知易用性对继续使用意向有正向影响。

H5:感知费用对继续使用意向有负向影响。

H6:感知风险对继续使用意向有负向影响。

H7:感知激励对继续使用意向有正向影响。

H8:期望差距对继续使用意向有负向影响。

在上述假设的基础上,本文提出了即时通讯产品的用户接受和继续使用行为研究模型,如图 1 所示。

3 数据收集和分析

3.1 变量定义

考虑到变量的有效性,本文大部分变量的测度项来源于已有的文献,其中,感知的有用性和易用性参考了文献[2],感知娱乐性参考了文献[8],网络外部性的测度项参考了文献[9],感知的费用水平

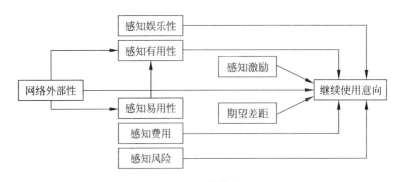

图 1 研究模型

参考了文献[10]，期望差距参考了文献[6]，感知风险参考了文献[11]，感知激励为自编变量，各变量的定义和出处如表1所示。

表 1 变量定义及来源

变 量	定 义	测度项个数	来源
期望差距	使用之前的预期和实际绩效之间的差距	2	[6]
感知有用性	用户感知使用某一即时通讯服务后能提高其效率的程度	4	[2]
感知易用性	用户感觉某一即时通讯服务容易使用的程度	4	[2]
感知娱乐性	用户在使用即时通讯服务过程中享受到情感上的愉悦程度	4	[8]
感知费用	用户感觉使用该即时通讯服务的成本昂贵的程度	4	[10]
感知风险	用户担心使用了某项即时通讯服务后，可能带来的各种损失的主观认知	4	[11]
感知激励	用户对某一即时通讯服务激励措施的认同程度	2	自编
网络外部性	用户感觉使用某一即时通讯服务的其他用户的数量以及该服务的普遍性	4	[9]
继续使用意向	用户选择并愿意继续使用该即时通讯服务的意向	4	[8]

3.2 数据收集

本研究的数据来源于问卷调查。基于模型建立的理论基础，针对模型涉及的各项指标设计了调查问卷。题项以 Likert7 级量表来衡量，要求答题者根据自己使用即时通讯服务的实际情况来回答，依次选择强烈不同意、非常不同意、不同意、不确定、同意、非常同意、强烈同意 7 项，依次给予 1～7 分。由于目前我国即时通讯主要用户是学生和 35 岁以下或更小的人群，本文以某大学部分学生为便利样本进行抽样，具有一定的代表性。共计发放 220 份问卷，回收 158 份有效问卷，占总样本的 71.8%。详细情况见表 2。

表 2 样本统计

题 项	变 项	频数/人	比例/%
性别	男	82	52
	女	76	48
年龄/岁	<24	98	62
	25～30	46	29
	31～35	9	5.7
	>35	5	3.3

续表

题　项	变　项	频数/人	比例/%
教育程度	专科	45	28.5
	本科	53	33.5
	硕士及以上	60	48
使用短信时间/年	<1	15	9.5
	1~2	32	20.3
	2~3	47	29.7
	>3	64	40.5
主要使用过的即时通讯软件有(可多选)	QQ	152	—
	MSN	64	—
	移动飞信	53	—
	新浪 UC	16	—
	网易泡泡	12	—
	其他	8	—
使用频率/(天/周)	1	25	15.8
	2~3	32	20.2
	3~5	46	29
	5~7	55	34.8

3.3　数据分析

3.3.1　主成分分析

本文利用 SPSS 软件对数据进行主成分分析,通过最大方差正交旋转后进行主成分分析。为了验证样本数据是否适合进行因子分析,在进行因子分析前,我们首先检验 KMO 值。KMO 是 Kaiser-Meyer-Olkin 的样本适当性检验系数,用来比较观测相关系数值和偏相关系数,KMO 值越大,表示变量间的公因子越多,越适合进行因子分析,根据 KAISER 的观点,如果 KMO 值小于 0.5,则不宜进行因子分析。本文样本的 KMO 值为 0.826,表明适合进行因子分析[12]。

采用 SPSS 进行因子分析,对 32 个指标进行主成分抽取和最大方差旋转,得到因子结构,如表 3 所示。析出特征值大于 1 的 9 个因子,方差解释率为 67.76%,因子结构清晰,各个项目在其相关联的变量上的因子负载值都大于 0.5,交叉变量的因子负载没有超过 0.5。

表 3　因子分析结果

因　子	构　件								
	1	2	3	4	5	6	7	8	9
EC1	**0.774**	0.425	0.369	0.173	0.106	−0.109	−0.218	0.258	0.084
EC2	**0.725**	−0.056	0.217	−0.021	0.044	−0.205	0.065	−0.053	0.324
PU1	0.489	**0.833**	−0.200	0.023	−0.108	−0.022	−0.407	−0.394	0.183
PU2	0.383	**0.825**	0.106	−0.052	−0.287	−0.094	0.025	−0.313	0.360
PU3	0.470	**0.793**	0.211	−0.404	−0.012	0.133	0.100	−0.570	0.151
PU4	0.416	**0.728**	0.401	0.295	0.248	−0.496	−0.110	0.210	0.044

续表

因　　子	构　　件								
	1	2	3	4	5	6	7	8	9
PP1	0.317	0.410	**0.588**	0.198	0.096	0.153	0.294	−0.096	0.331
PP2	0.206	0.327	**0.765**	0.294	−0.275	−0.058	0.055	−0.027	−0.094
PP3	−0.172	−0.239	**0.732**	0.476	0.428	−0.174	0.106	−0.107	0.036
PP4	0.453	−0.200	**0.643**	0.469	0.251	−0.061	0.164	−0.258	0.176
PEOU1	0.355	−0.262	0.376	**0.675**	0.414	0.384	0.156	−0.103	−0.035
PEOU2	0.336	0.204	0.491	**0.774**	0.147	0.371	−0.101	0.135	0.234
PEOU3	0.290	0.172	0.347	**0.681**	−0.018	0.472	0.063	0.283	−0.232
PEOU4	0.273	0.486	0.153	**0.633**	−0.141	0.284	0.121	0.067	0.455
FE1	0.416	0.111	0.062	0.420	**0.842**	0.061	−0.045	0.060	−0.103
FE2	−0.171	−0.389	−0.130	0.334	**0.857**	0.156	−0.304	−0.177	0.103
FE3	0.275	0.249	−0.045	0.034	**0.792**	0.193	−0.461	0.451	0.009
FE4	0.176	0.412	−0.383	0.313	**0.821**	−0.239	−0.180	0.021	0.143
PI1	0.259	0.066	0.420	0.001	0.268	**0.643**	−0.132	−0.028	0.229
PI2	0.417	0.183	0.101	0.405	0.393	**0.622**	−0.208	−0.006	0.147
PR1	0.389	0.408	−0.356	−0.110	0.136	0.003	**0.768**	0.004	0.095
PR2	0.259	0.331	−0.283	0.224	0.244	0.395	**0.683**	−0.096	0.076
PR3	0.332	0.226	0.033	0.475	0.160	0.093	**0.731**	0.134	0.005
PR4	−0.371	0.461	0.124	0.080	0.098	0.038	**0.757**	0.097	0.213
NE1	0.476	−0.115	0.278	−0.301	0.107	−0.343	0.326	**0.686**	0.053
NE2	0.286	−0.282	0.002	−0.180	0.142	−0.360	0.275	**0.722**	0.002
NE3	0.489	0.495	−0.260	−0.356	−0.126	−0.067	0.192	**0.654**	0.169
NE4	0.257	−0.104	0.187	−0.073	0.225	0.240	−0.095	**0.682**	−0.164
CU1	0.465	−0.302	−0.270	−0.116	0.223	0.211	−0.068	0.110	**0.688**
CU2	0.491	−0.363	−0.391	0.020	−0.198	−0.035	0.189	0.332	**0.822**
CU3	0.383	−0.395	0.277	0.207	−0.234	0.208	−0.052	−0.107	**0.652**
CU4	0.353	−0.431	0.061	0.473	−0.246	0.024	−0.198	−0.217	**0.761**

3.3.2　信度和效度分析

为了进一步检验变量的信度和效度，根据 Anderson 等[13]的建议，对数据进行了验证性因子分析，结果如表 4 所示。其中，AVE（Average Variance Extracted）为各因子抽取的平均方差，计算公式为

$$AVE = \frac{\left(\sum \lambda_i\right)^2}{\left(\sum \lambda_i\right)^2 + \left(\sum (1 - \lambda_i^2)\right)} \tag{1}$$

式中：λ_i 为标准负载。

CR(Composite Reliability)为复合信度,其计算公式为

$$CR = \frac{\left(\sum \lambda_i\right)^2}{\left(\sum \lambda_i\right)^2 + \left(\sum (1-\lambda_i^2)\right)} \tag{2}$$

式中:λ_i 为标准负载。

Cronbach α 为克朗巴哈系数,用于测度量表内部的一致性,计算公式为

$$\alpha = \frac{n}{n-1}\left[1 - \frac{\sum S_i^2}{S_T^2}\right] \tag{3}$$

式中:n 为因子指标个数;S_i^2 为第 i 个指标的方差;S_T^2 为整个因子的方差。

分析结果得到各因子的 CR 值大于 0.7,表明信度良好。AVE 值大于 0.5,表明数据具有良好的收敛效度。Cronbach α 值超过推荐值 0.7,表明具有良好的信度。

表 4　因子负载及其信度

因 子	变 量	标准负载	AVE	CR	Cronbach α 值
期望差距	EC1	0.845	0.635	0.856	0.757
	EC2	0.796			
感知有用性	PU1	0.856	0.714	0.907	0.811
	PU2	0.877			
	PU3	0.912			
	PU4	0.831			
感知娱乐性	PP1	0.825	0.643	0.885	0.746
	PP2	0.767			
	PP3	0.794			
	PP4	0.825			
感知易用性	PEOU1	0.884	0.588	0.892	0.803
	PEOU2	0.836			
	PEOU3	0.791			
	PEOU4	0.774			
感知费用	FE1	0.812	0.569	0.879	0.768
	FE2	0.762			
	FE3	0.776			
	FE4	0.802			
感知激励	PI1	0.913	0.673	0.921	0.791
	PI2	0.846			
感知风险	PR1	0.883	0.622	0.882	0.820
	PR2	0.794			
	PR3	0.845			
	PR4	0.886			

续表

因　　子	变　　量	标准负载	AVE	CR	Cronbach α 值
网络外部性	NE1	0.905	0.601	0.906	0.836
	NE2	0.844			
	NE3	0.876			
	NE4	0.872			
继续使用意向	CU1	0.902	0.652	0.901	0.864
	CU2	0.846			
	CU3	0.836			
	CU4	0.813			

3.4　模型分析

根据本文的研究模型，结构方程模型为

$$\eta_1 = \gamma_{11}\xi_1 + \gamma_{12}\xi_2 + \gamma_{13}\xi_3 + \gamma_{14}\xi_4 + \gamma_{15}\xi_5 + \gamma_{16}\xi_6 + \delta_1$$
$$\eta_2 = \gamma_{21}\xi_1 + \beta_{21}\eta_3 + \delta_2 \tag{4}$$
$$\eta_3 = \gamma_{31}\xi_1 + \delta_3$$

式中：η_1 为继续使用意向；η_2 为感知有用性；η_3 为感知易用性；ξ_1 为网络外部性；ξ_2 为感知娱乐性；ξ_3 为感知费用水平；ξ_4 为感知风险；ξ_5 为感知激励；ξ_6 为期望差距；γ、β 为通径系数；δ 为结构方程误差。

本文运用 Lisrel 软件来检验研究模型中的各条路径假设，结果如图 2 所示。研究结果表明，样本数据支持本文提出的 10 个假设中的 8 个。感知有用性、感知易用性和使用意向被解释的方差分别是 43%、52% 与 36%。观察的显著性水平为 0.000，路径系数均在 $p < 0.05$ 的水平上显著。

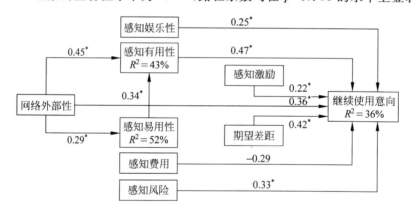

图 2　即时通讯用户继续使用行为模型（* 表示 $p < 0.05$， 表示 $p < 0.01$）**

结构方程模型的拟合指标如表 5 所示，卡方值和自由度的比值为 2.43，根据 Joreskog 等的建议，该值可以接受。RMSEA＝0.065，略大于 MACCAL－LUM 等的推荐值的下限（<0.05）。CFI＝0.97，NFI＝0.95，IFI＝0.97。因此，本文模型拟合度较为合适。

表 5　模型拟合指数

指标	$X^2/\mathrm{d}f$	RMSEA	GFI	AGFI	CFI	NFI	IFI
推荐值	<3	<0.05	>0.90	>0.80	>0.90	>0.90	>0.90
检验结果	2.43	0.065	0.86	0.82	0.95	0.93	0.96

4 结果讨论

4.1 研究结果

本文将 TAM 和 ECT 理论进行整合,并加入网络外部性理论,构建了即时通讯产品的用户接受和继续使用即时通讯软件的研究模型。从图 2 可以看出影响用户选择和使用即时通讯软件的因素按照路径负载值大小依次为感知有用性、期望差距、网络外部性、感知风险、感知费用、感知娱乐性、感知激励。

(1)感知有用性是影响用户继续使用行为的一个主要影响因素,这是用户选择某种即时通讯产品的基础,与前人的研究相符合。期望差距是本文引入的一个新变量,表明用户在接受某种即时通讯的过程中实际感受和最早期望之间的差距,该因素对用户继续使用行为的影响仅次于感知有用性。这两个影响因素给我们的启示是 IM 企业在做产品宣传时要区分不同的客户,根据不同的客户需求做出相应的调整,并且不能盲目夸大其功能,那样反而会得到负面效果。

(2)网络外部性对感知有用性,感知易用性和继续使用行为有显著影响。这表明,用户数量的增加对其他用户使用该即时通讯产品有显著的影响。网络外部性的影响会使用户之间互相交流使用心得,影响用户对即时通讯服务易用性和有用性的感知。此外,越多的用户使用该即时通讯产品,就会鼓励新用户的使用行为。新兴的即时通讯产品在推广初期要注重吸引用户,用户数量的扩大会对产品的迅速推广起到很好的促进作用。例如移动飞信初始的免费策略使其在半年内便获得广大的用户知晓度。

(3)感知风险表明用户在使用该即时通讯软件中对自身信息的重视程度,当该即时通讯软件能让用户放心安全地使用,那么用户对该服务的信心就会得到提升,进而对其继续使用行为产生正向影响。

(4)感知费用对继续使用行为有着负向的影响。这表明,用户认为即时通讯软件的费用越便宜,越会频繁地使用。这与前人的研究结论一致,即费用是信息系统采纳行为的重要影响因素。

(5)感知娱乐性对继续使用行为有正向影响。研究结果发现其对使用的态度的影响作用很强,这与前面学者的研究结论是一致的。当使用者认为某项技术有趣、好玩的时候,就会产生积极正面的态度,比如高兴、兴奋、满足等,进而间接地影响使用的行为意向。

(6)感知激励是本文引入的另一个新变量,研究结果表明当使用者感受到某种激励因素后,有很大机会去积极继续使用该产品,例如 QQ 的在线升级高级会员功能。启示软件运营商要把握好用户心理,积极利用好激励因素留住并吸引更多用户。

4.2 管理启示

(1)增加服务种类,提高服务有用性

由研究结论我们知道,感知有用性与对用户继续使用意向有着非常紧密的联系,对其有积极的直接影响。因此在即时通讯产品的推广中,要增加其服务的有用性,使用户能够利用该通讯工具得到更多的帮助。那么企业就需要对用户信息进行分析,及时掌握用户需要,增加服务种类,提供更加及时、准确、有用以及个性化的服务。同时,在此基础上采取一些适当的激励措施,鼓励和吸引用户继续使用其产品,以此来增强用户对产品的依赖性。

(2)增加服务的娱乐性,加强用户信任感,减少风险

感知娱乐性对用户使用意向也有直接的正向影响,这就要求企业要增加服务的娱乐性,让用户在

使用其服务、产品以及使用的过程都充满乐趣，提高用户从使用该类服务中获取愉悦的感觉。

在任何商务活动中，风险问题都是存在的也是必须解决的。在研究中也表明了感知风险对使用的影响。企业要关注用户使用中的安全问题，使用户感觉到使用该产品服务是安全的和放心的，在保护消费者利益的基础上能更有效地提高企业形象。

（3）重视客户体验，有效管理客户生命周期

本文的研究证实了用户的期望差距（即用户使用前的对于服务的价值预期与其体验后感受的实际价值之间的差异）会对其体验后的价值认知产生影响。因此商家要注重广告的真实性，同时要努力创造出超出客户预期的价值。企业应该关注处于生命周期不同阶段的客户其感知价值的变化情况，从而可以更好地进行客户关系管理，保留住这些客户。

5 结论

本文将 TAM 和 ECT 理论进行整合，并考虑了网络外部性，费用以及风险因素，构建了即时通讯用户接受和继续使用即时通讯软件的研究模型。结果表明，整合模型比单独使用 TAM 或 ECT 模型更加有效。本文对即时通讯服务研究和应用领域进行了理论探讨与实证分析，特别是对新兴的即时通讯产品怎么立足市场提出了参考意见。对于服务商而言，可以在初期采取例如免费策略等一些激励措施在短期获得一定的顾客群，这样便于网络外部性发挥作用。而要想顾客长期继续使用该服务，则要增强服务的乐趣，提高服务的性价比，加强使用的安全性，也可以进一步了解用户需求和期望，从而推出用户愿意使用的服务，满足用户对感知有用性的需求；对于用户而言，了解移动服务使用的动机可以更加了解自己的需求，从而更好地选择与自己需求匹配的移动服务。

由于样本量较小，该模型的解释能力优势不太明显，因变量被解释的方差只有 36%。此外，样本所涉及的用户类型也不是很广泛，带有一定的局限性。但本文是探索性的实证研究，对于后续研究有一定的借鉴作用。后期的研究，应该扩大问卷调查范围，挖掘潜在使用者，并考虑一些其他重要因素，以增加模型的解释能力。

参 考 文 献

[1] Sheppard B H, Hardwick J & Wharshaw P. The theory of reasoned action: A meta-analysis of past research with recommendations for modification and future research [J]. The Journal of Consumer Research, 1988, 15(3): 325-343.

[2] Davis F. Perceived usefulness, perceived ease of use, and user acceptance of information technology [J]. MIS Quarterly, 1989, 13 (3): 319-341.

[3] Anol Bhattacherjee. An Empirical Analysis of the Antecedents of Electronic Commerce Service Continuance [J]. Decision Support System, 2001, 32(7): 201-214.

[4] Davis F, Bagozzi R, Warshaw P. User acceptance of computer technology: A comparison of two theoretical models [J]. Management Science, 1989, 35(8): 982-1004.

[5] Oliver R L. A Cognitive model of the antecedents and consequences' of satisfaction decisions [J]. Journal of Marketing Research, 1980, 17(4): 460-469.

[6] Oliver R L. Cognitive, affective, and attribute bases of the satisfactions response [J]. The Journal of Consumer Research, 1993, 20(3): 418-430.

[7] Howard J A, Sheth J N. Buyer behavior and relates technological advances [J]. Journal of marketing, 1969, 7(1): 18-21.

[8]   Moon J, Kim Y. Extending the TAM for a world-wide-web context [J]. Information and Management, 2001, 38 (4): 217-230.

[9]   Wang C C, Hus Y, Fang W. Acceptance of technology with network externalities: An empirical study of Internet instant messaging services [J]. Journal of Information Technology Theory and Application, 2004, 6(4): 15-28.

[10]   Wu J H, Wang S C. What drives mobile commerce? An empirical evaluation of the revised technology acceptance model [J]. Information & Management, 2005, 42(5): 719-729.

[11]   Gefen D, Straub D W, Boudreau M C. Structural equation modeling and regression: Guidelines for research practice [J]. Communications of the Association for Information Systems, 2000, 4(7): 1-70.

[12]   Kaiser H F. An index of factorial simplicity [J]. Psychometrical, 1974, 35: 31-36.

[13]   Anderson J, Gerbing D W. Structure equation modeling in practice: A review and recommenced two-step approach [J]. Psychological Bulletin, 1988, 103(3): 411-423.

A Study on the User's Choice and Usage Intention of Instant Messaging

ZHANG Qianfan, WANG Min

(College of Management, Huazhong University of Science and
Technology, Wuhan, 430074)

Abstract   Confronting increasingly intensive competition of Instant Messaging market, we should study on the user's choice and usage intention in order to make effective competition strategies and increase market share. According to Technology Acceptance Model(TAM)and Expectation Confirmation Theory(ECT), the model why users have intention to continue use instant message service was built from eight aspects, expectation confirmation, perceived usefulness, perceived ease of use, perceived playfulness, perceived risk, fell expense, perceived inspirit and network externalities. The scaling of reliability and validity of the model was tested through SPSS 13.0 and the hypotheses of the structure equation model were verified by Lisrel 8.7. On the basis of the research results, corresponding countermeasures are also proposed.

Key words   Instant messaging, Technology acceptance model (TAM), Expectation confirmation theory (ECT), Usage intention, Structure equation model

作者简介：

张千帆(1974—   ),女,华中科技大学管理学院副教授,博士生副导师,管理科学与信息管理系副系主任。研究方向：IT 与管理创新、企业运作与管理信息化咨询、产学研合作研究等。

汪敏,华中科技大学管理学院,管理科学与工程专业,硕士。研究方向：电子商务和移动商务。

信息系统学报
（第 7 辑）：66－72

China Journal of Information Systems
66－72

网格环境下虚拟企业信息系统中单点登录问题研究[*]

林培旺，刘东苏，薛杰

（西安电子科技大学 经济管理学院，西安　710071）

摘　要　本文对网格环境下虚拟企业单点登录安全问题进行了分析，提出了一种基于安全断言标记语言（SAML）的单点登录模型。该模型具有与底层安全实现无关，可与现有安全系统无缝集成等特点，包括请求端、中心安全服务端和目标服务端三个主要功能模块，在设计模型工作流程时充分考虑了其安全性，并注意到网格环境下任务时长可能超出令牌生命周期的情况，给出了相应的解决办法。

关键词　网格，安全，虚拟企业，单点登录

中图分类号　TP393.08

1　引言

随着全球市场竞争的日益加剧，商业机遇稍纵即逝，在这样的环境下，企业利用信息技术，充分发挥自身核心竞争力，通过优势互补，形成了虚拟企业这一以市场为导向的企业组织形式。网格技术因其在跨平台分布式的共享与集成方面的优势，成为了商用信息技术中的新宠儿，其与虚拟企业的结合也已经成为必然的趋势。网格技术使得虚拟企业中信息与资源的共享与集成达到从未有过的程度，各成员对服务和资源的跨域访问引发了对身份验证的新需求。网格环境下的虚拟企业需要一种安全有效的跨越安全域的身份验证机制。单点登录（Single Sign-on）技术为这一问题提供了很好的解决思路，使得虚拟企业成员在访问服务与资源时不必频繁地进行身份验证操作，提高信息传递效率与安全性，做到一次登录，多次多域访问。本文主要提出了一种网格环境下虚拟企业的单点登录模型，并考虑了网格环境下令牌生命周期小于任务时间的情况。

2　问题分析

2.1　网格环境引起的特殊性

网格最根本的特点是共享性，现有的网络只能达到信息或数据层次的共享。网格环境下，资源共享的广度和深度都有了明显的提高。具体到网格环境下的虚拟企业信息系统，联盟成员之间共享的不再仅仅是一些数据信息、电子文档等，更多的是彼此的计算资源、存储能力、应用软件、制造设备等等；同时，网格环境下虚拟企业的最小元素不再是一个个的企业，而是企业中的一个部门[1]。如此大范围的资源共享和更加细化的组织结构对虚拟企业信息系统安全，特别是联盟成员的身份验证提出了严峻的挑战。采用单点登录技术可以对登录主体进行跨不同安全域的身份认证，使之可以跨越多个组织边界进行资源和服务的访问，还可以满足网格环境下登录主体复杂多变的情况。在网格环境

---

　*　通信作者：林培旺，男，西安电子科技大学经济管理学院硕士研究生，E-mail：linpw007@yahoo.com.cn。

下，触发单点登录流程的不再仅仅是用户，还有可能是用户授权的委托程序。网格环境下虚拟企业的一个具体业务流程的处理还可能具有较长任务处理时间，可能会超过单点登录令牌的有效期限。

下表给出了传统网络环境下和网格环境下单点登录的区别：

表 1 传统网络环境和网格环境单点登录的比较

	传统网络环境	网格环境
登录主体	用户	用户或者委托程序
任务周期	一般不超出证书有效期	具有很大的不确定性
认证范围	一般是两个安全域	经常是跨越多个安全域的认证
触发条件	用户驱动，一次性触发	用户或程序驱动，可能多次触发
认证信息途经节点	点到点，或端到端	多中继，多中间节点

从表中可以看出，网格环境下的单点登录在登录主体、任务周期、认证范围、触发条件等方面都与传统网络环境下的情况有着明显的不同。

2.2 需求分析

由于虚拟企业各成员已有的安全体系和采取的具体安全技术各有不同，单点登录方案应采用一种与底层安全实现无关的方法，做到与现有系统的无缝集成，并可以与网格安全策略进行交流互通，满足企业成员动态加入和退出的情况[2]，并且要考虑到认证信息多节点传输的情况。从当前的情况来看，采用基于安全断言标记语言(SAML)的单点登录方案是比较好的选择。

网格环境下虚拟企业信息系统单点登录过程中需要考虑的具体安全需求如下：

(1) 不影响企业成员底层安全实现，在应用层解决单点登录问题，可以与已有的安全系统集成和互操作，不要用新的机制代替之前的安全系统；

(2) 应当提前做好虚拟企业成员间安全策略的表达、交流和互通，这一过程应在虚拟企业生命周期中的准备阶段完成，这些策略和规则在单点登录过程中出现如令牌生命周期结束，或者由程序驱动引发新的单点登录请求时将起到重要作用；

(3) 机制灵活，能够满足企业成员动态加入和退出的情况而不对整个虚拟企业信息系统产生影响；

(4) 网格环境下任务执行时长具有不确定性，需要对请求资源的主体进行令牌时效验证，能够自动进行代理证书周期到期通知与更新。

3 当前研究现状

目前，国内外关于单点登录问题的研究正处于起步阶段，网格环境下单点登录的需求也已受到充分重视，在 OGSA 网格安全模型中，证书与身份转换模块主要需要实现的功能就是单点登录[3]。Jan De Clercq 对单点登录的模型做了系统的整理与综述[4]；Sinnott, R. O. 等人研究了单点登录技术在动态虚拟企业中的应用[5]；师少帅，王建民提出了一种轻量级的单点登录方案[6]；尹星等提出了一种改进的基于 SAML 的单点登录模型，并对其进行了模拟仿真[7]。当前网格环境下的单点登录实现方法主要是基于代理证书及其在不同安全机制(如 PKI 和 Kerberos)下的转换。

在网格环境下，虚拟企业的信息共享更加广泛，业务流程更加复杂，单点登录主体所提交的任务时长更加不确定，这增加了身份认证的复杂程度，虽然国内外的学者当前对单点登录技术的研究已做了大量工作，但当前的单点登录模型还存在着开放性与标准性不足、安全性不高、跨域实施困难以及实现流程复杂等局限，考虑到当前单点登录技术存在的上述局限性，并考虑到网格环境下虚拟企业本

身特有的安全需求特点,本文的单点登录模型在设计时主要从以下方面进行了改进:

（1）尽量做到与各联盟企业安全系统的底层实现无关,与现有系统进行无缝集成,在应用层解决单点登录问题,避免各联盟企业在信息系统安全方面的重复投入,节省成本,提高了经济性;

（2）简化模型运行流程,并充分考虑到各步骤的信息安全保护;

（3）SAML 令牌由请求端保管,减轻了中心安全服务器的存储压力,分散了安全风险。

此外,考虑到网格环境下任务时长的不确定性,本文的单点登录模型通过在 SAML 令牌生成时向其中加入令牌生命周期信息,使得被访问的安全域可以对令牌时效性做出判断,提高了安全性;同时还考虑到任务处理过程中程序自发驱动新的单点登录请求的情况。

4 一种单点登录方案

4.1 单点登录模型

在网格环境下,每个虚拟企业的成员都可被视为一个独立的安全域,成员之间遵循 Liberty Alliance 联邦信任,SSO 中心验证服务由虚拟企业联盟中的盟主企业提供。

模型中并未采用 SAML 配置文件中的 PULL 模式或 PUSH 模式,如此可以简化验证流程,提高验证效率和灵活性,符合网格环境下对信息传输的要求。SAML 令牌的传递仅仅在请求主体和中心服务器以及请求主体和身份验证服务器之间进行,令牌维护工作由请求主体自身承担,这样可以防止可能出现的服务器阻塞和针对中心验证服务器的攻击,也符合网格的分布性设计思想。

安全策略库是网格环境下虚拟企业安全策略与规则的集合,其中包含了联盟成员事先协商好的各种安全相关的信息数据,在此模型中,主要使用的是令牌过期时的相关安全规则。

授权模块放置在目标服务端,这样可以保证各成员企业的独立性,可以对自身的资源及服务的访问权限拥有自主决策权,使单点登录过程不与各成员企业原有的安全授权体系相冲突。授权模块不放置在中心安全服务端,增加了系统的灵活性和可扩展性,也减少了登录流程的复杂性。

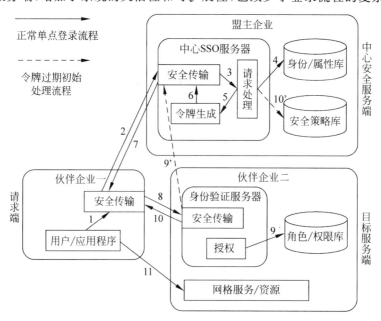

图 1 网格环境下虚拟企业信息系统单点登录模型

4.2　功能模块

　　网格环境下虚拟企业信息系统单点登录模型如上图所示。模型包含请求端(图中为伙伴企业一)、中心安全服务端(图中为盟主企业)和目标服务端(图中为伙伴企业二)这三个端点。请求端为用户提供单点登录的接口,是 SAML 令牌的请求者和使用者;中心安全服务端是请求端身份的验证者和 SAML 令牌服务的提供者;目标服务端则是 SAML 令牌的验证者与网格服务和资源的提供者。

　　请求端的主要功能是接收用户的输入信息或者代理程序的请求信息,生成 SAML 请求,对该请求进行安全处理。在发出经过安全处理的请求消息之后等待 SAML 响应。然后使用中心安全服务端颁发的 SAML 令牌访问目标服务以及接收服务调用结果。

　　中心安全服务端主要功能是根据请求端发来的请求消息对用户提供基于数字签名的身份验证,同时根据 SAML 请求信息生成 SAML 响应信息,通过对其进行签名、加入令牌生命周期信息然后加密生成安全的 SAML 令牌,并返回至请求端。

　　目标服务端主要功能是验证 SAML 令牌的可用性、安全性、时效性以及来源。然后解析 SAML 令牌,根据令牌中的用户信息,实现基于角色的访问控制,即根据用户的角色对用户进行授权。最后对经过授权的用户或程序进行网格服务调用与资源访问。

　　安全传输模块对每个端点的输入/输出信息进行安全处理并且负责 XML 信息的包装和 SOAP 消息的收发。它符合 WS-Security 规范,主要提供以下功能:XML 加密和解密、XML 签名和验证、附加标识符和令牌生命周期信息。XML 签名可以保证消息的完整性和对消息源的验证,XML 加密则用来确保消息的机密性,添加标识符信息可以防止重放攻击,上述三个功能结合起来共同保证 SOAP 消息所需的安全性需求。加入令牌生命周期信息可以应对任务周期的不确定性。然后此模块将XML 信息包装成 SOAP 消息发送出去,在模型的另一端此模块接收 SOAP 消息并从消息体中提取XML 信息。

4.3　工作流程

　　上文主要描述了模型的组成模块及各模块的功能,下面将根据图 1 详细描述模型的工作流程。单点登录模型的正常工作流程如下:

　　(1) 单点登录开始时用户或应用程序提供登录所需身份信息,请求端程序根据身份信息生成相应的 SAML 请求。

　　(2) 请求端的安全处理模块使用请求端与中心 SSO 服务器事先协商好的密钥 A 将上一步生成的 SAML 请求进行正向处理(签名、加密、加入标识符),然后将其打包成 SOAP 消息发送至中心安全服务端,并等待应答。

　　(3) 中心 SSO 服务器的安全传输模块负责监听和接收请求端发来的请求消息,并对该消息进行反向处理(解密与验证数字签名和标识符)。通过对请求消息中数字签名的验证,可以确认该请求来自合法用户,完成了身份认证的过程,然后将原始 SAML 请求发送给请求处理模块。

　　(4) 请求处理模块对通过验证的用户的 SAML 请求进行解析,获取用户需查询的指定的属性信息名称,并根据属性名称到用户身份/属性库中查找用户指定的属性信息。

（5）请求处理模块将查询的结果生成用户的属性声明，该声明构成用户登录目标服务站点时使用的 SAML 令牌的核心。

（6）SAML 声明被发送至安全处理模块进行安全处理，使用中心服务端与目标服务端事先协商的密钥 B 进行加密和签名，形成安全的 SAML 令牌。因此只有合法的目标服务端才能获得 SAML 令牌中的声明信息。

（7）中心 SSO 服务器的安全处理模块使用与请求端协商好的密钥 A 再次对安全的 SAML 令牌进行处理，加密、签名，并加入令牌生命周期信息，然后打包成 SOAP 消息返回至请求端。

（8）请求端的安全传输模块等待和接收中心安全服务端返回的响应消息，并对消息进行反向处理，解密、验证数字签名并得到令牌生命周期信息。此时用户已经获取了可以访问目标站点的安全的 SAML 令牌，用户可以使用该安全的 SAML 令牌，但却无法知道令牌中的信息。此时用户或应用程序提供要访问的目标服务端的 URL、指定的网格服务的名称和参数。安全的 SAML 令牌经过安全处理模块的处理，将之与标识符一起用中心 SSO 服务器提供的密钥 K 加密，然后发送至目标服务端。

（9）目标服务端的身份验证服务器对接收到的消息进行两次验证，第一次使用密钥 K 解密，可以确信请求端已得到中心安全服务端的验证，并同时得到令牌的生命周期信息，并对令牌是否过期进行判断，如果没有过期，则进行第二次验证，使用与中心安全服务端协商好的密钥 B 进行解密与验证，可以确信 SAML 令牌是由中心 SSO 服务器颁发的。经过解密和验证，得到原始的 SAML 断言，目标服务端使用 SAML 规范解析令牌中的声明，获取 SAML 权威为该用户生成的声明信息。授权模块根据声明信息中包含的用户属性信息，结合本地的安全策略，访问本地的角色/权限库，对用户或应用程序进行基于角色的授权，判断用户是否有权访问他所请求的网格服务与资源。

（10）目标服务端的安全传输模块将判断结果返回给请求端。

（11）请求端的用户或应用程序对目标服务端的网格服务与资源进行访问。

上述过程为模型的正常工作流程。需要说明的是，在第 8 步，身份验证服务器对接收到的令牌信息进行解密，读取令牌生命周期信息后，如果发现此时令牌已过期，工作流程则转向图 1 中第 9'步，向中心 SSO 服务器发出更新令牌的请求信息，中心 SSO 服务器的请求处理模块访问安全策略库（图 1 中第 10'步），参考虚拟企业联盟的事先协商的相关安全策略做出相应的处理，根据请求端提交的任务性质，处理结果可能为自动更新令牌回传给身份验证服务器以完成单点登录流程，或者中止此次单点登录的过程，并向请求端回复相应出错信息，直到请求端的用户再一次驱动单点登录流程。

5　模型可行性论证

上文主要描述了模型的工作流程，下面主要针对文中模型的特点，从三个方面来简要说明此模型的可行性。

（1）组织可行性

虚拟企业的生存周期一般分为概念、建立、竞标、配置、执行和终止六个阶段，而对于安全问题的考虑应该在这六个阶段一以贯之，特别是在网格环境下建立虚拟企业，由于网格技术可使信息与资源的共享达到很高的层次,这也同时带来了更多的安全隐患,所以网格环境下的虚拟企业信息系统在提供业务与实现功能时都要特别注重各步骤的安全保护,如在虚拟企业的建立阶段联盟企业各方就应进行细致沟通,确定模型中安全策略库中的各种安全规则与约束;在配置阶段便可按照已约定的安全规则与约束对已经有的安全系统进行相应调整与改造。

（2）经济可行性

虚拟企业的各联盟企业一般都已拥有自己的企业信息安全系统,并在其上进行了大量先期的投入,文中的模型在解决单点登录问题时没有限定参与各方的底层具体安全实现,各方只需在应用层进行相应的改造即可。

（3）技术可行性

在本文的模型中,各联盟企业遵循 Liberty Alliance 联邦信任,具有普适性与标准性,模型的工作流程中所采用的各种协议,如 SAML 令牌生成及传递协议,SOAP,XML 相关协议等都已发展成熟并被业界认可;同时模型在设计过程中也体现了模块化设计与可重用的思想,提高技术层面上模型实施的效率。模型中的安全传输模块就是这一思想的体现,它符合 WS-Security 规范,在各端点中该模块能根据输入信息的不同而自动进行对应的处理操作。

本模型作为网格环境下虚拟企业信息系统中一个具体安全问题（单点登录）的解决方案,其具体实施过程和工作条件应放在网格环境下虚拟企业信息系统安全的大环境中来考虑,网格环境下的安全问题纷繁复杂,单点登录问题只是冰山一角。这就需要各联盟企业对自身的安全系统进行不断的完善与改进,有了可靠的安全系统基础,应用层面的单点登录模型才能充分发挥出它的安全作用。

6 结论及进一步的工作

本文通过对网格环境下虚拟企业单点登录的具体安全需求分析,给出了单点登录模型,进行了功能模块划分和设计,并给出了具体的工作流程。考虑到在单点登录过程中可能出现的令牌生命周期小于任务时长的情况,在具体处理过程中给出了相应的方法。网格下的虚拟企业面对着复杂的网络环境,单点登录模型只能解决其中部分的安全问题,如何将单点登录与虚拟企业整体的安全策略与规则结合起来,形成统一高效的安全体系,是下一步值得研究的方向。

参 考 文 献

[1] 张润彤,樊宁. 网格就是商务[M]. 北京:清华大学出版社,2006.

[2] Nagaratnam N, Janson P, Dayka J, Nadalin A, Siebenlist F, Welch V, Foster I, Tuecke S. The security architecture for open grid services[EB/OL].
http:// www . cs . virginia . edu / ~ humphrey / ogsa-sec-wg / OGSA-SecArch-v1-07192002. pdf,2002.

[3] Foster I, Kesselman C. 网格计算(第二版)[M]. 金海,袁平鹏,石柯,译. 北京:电子工业出版社,2004.

[4] Clercq J D. Single sign-on architectures [EB/OL]. http ://www. esat . kuleuven. ac. be/cosic/seminars/slides/SSO. pdf, 2002.

[5] Sinnott R O, Ajayi O, Stell A J, Watt J, Jiang J, Koetsier J. Single sign-on and authorization for dynamic virtual organizations [EB/OL]. http :// labserv. nesc. gla. ac. uk/projects/glass/doc/helsinkifinal. pdf, 2006.

［6］ 师少帅,王建民.一种轻量级单点登录模型的设计与实现[J].南京大学学报(自然科学),2005,41：862-867.
［7］ 尹星.基于 SAML 的单点登录模型及其安全的研究与实现[D].镇江：江苏大学,2005.

Research on Single Sign-on of Virtual Enterprise Information System in Grid Environment

LIN Peiwang, LIU Dongsu, XUE Jie

(School of Economics and Management, Xidian University, Xi'an, 710071)

Abstract   In this paper, an analysis is given to the single sign-on problem of virtual enterprise in grid environment. A model is purposed based on Security Assertion Markup Language with full consideration of safety, including three main function modules which are request node, central security server and target server, with the characteristic of independence from the bottom security implements and seamless integration with the existing security system, the fact that task time may exceed token life cycle has been taken into account and the corresponding solution is given as well.

Key words   Grid, Security, Virtual Enterprise, Single Sign-on

作者简介：

林培旺,男,24 岁,西安电子科技大学经济管理学院硕士研究生。主要研究方向：信息系统与信息安全,电子商务。

刘东苏,男,教授,现任西安电子科技大学经济管理学院副院长,长期从事信息系统分析与设计、电子商务、计算机网络与信息安全、数据库与数据仓库技术应用等方面的教学与研究工作。主要研究方向：信息管理,信息系统与信息安全,电子商务。

薛杰,女,25 岁,西安电子科技大学经济管理学院硕士研究生。主要研究方向：信息系统与信息安全,电子商务。

信息系统学报
（第7辑）：73-81

China Journal of Information Systems
73-81

电子中介中多属性商品交易匹配模型与算法研究综述*

蒋忠中¹，盛莹²，樊治平¹，汪定伟³
（1 东北大学 工商管理学院，沈阳　110004
2 东北大学 理学院，沈阳　110004
3 东北大学 信息科学与工程学院，沈阳　110004）

摘　要　作为电子商务的重要组成部分，电子中介的相关研究备受关注。本文在介绍电子中介基本概念的基础上，综述分析了电子中介中多属性商品交易匹配模型的研究进展，并简要评述了匹配模型的求解算法。最后探讨了多属性商品交易匹配问题进一步的研究方向。

关键词　电子中介，多属性商品，交易匹配，模型，算法

中图分类号　N945

随着互联网（Internet）技术的发展，传统的商务活动逐渐向 Internet 转移，网上的商务交易不断增加，在线用户和企业的数量如爆炸式增长，据最近的市场调查机构 IDC 报告表明[1]，2008 年全球互联网用户的数量约为 14 亿，约占世界人口的 1/4，而在中国，最新的 DCCI 2009 年调查数据显示[2]，2008 年中国互联网用户规模为 3.03 亿人，与 2007 年 1.82 亿人相比增长率高达 66.5%，首次成为全球网民最多的国家，以上数据充分表明了当前无论是在全球还是在中国已拥有较为庞大和成熟的互联网市场基础，这一方面将促进电子商务进一步地蓬勃发展；另一方面也带来了新的挑战[3-6]。

例如在互联网市场上，买方或卖方的最主要目的就是用尽量少的时间找到最满意的对方并进行商品交易，然而由于互联网上信息数量巨大，这种看似简单的任务却极难完成，因为买方或卖方即使在搜索引擎（如 google，baidu 等）的帮助下浏览所有相关网页的信息也是非常费时的，当然也就不可能快速地找到最合适的商品。为此，互联网市场的买卖双方已经越来越把注意力投向了一种互联网中介，即电子中介。电子中介是中介网站利用现代信息和远程通信技术，向买方和卖方提供服务，并撮合和组织其交易的一种市场运作行为[7-9]。它模仿了传统的市场，即在电子（互联网）环境下将买卖双方聚合在一起并匹配，最终实现商品的交易。如图 1 所示，在买方（m 个买家）和卖方（n 个卖家）同时参与交易的市场中，信息的传输量与买卖双方数量的乘积（即 $m \times n$）成正比，如图 1(a) 所示，而借助于电子中介平台，信息的传输量变成与买卖双方数量的和（即 $m+n$）成正比，如图 1(b)。众所周知，在互联网环境下通常参与交易的买（卖）家非常之多，因而有 $(m \times n) \gg (m+n)$，所以电子中介的参与将能大大减少市场信息的传输量，有助于提高市场的交易效率。同时，与传统市场上的中介相比，电子中介可以突破时空限制，能够为买方和卖方提供更多、更实时和更有效的信息等明显优势[10]，因而受到了人们的广泛关注，目前已出现了成百上千个各种式样的如房产、汽车、家电、计算机和零部件

* 基金项目：国家自然科学青年基金资助项目（70801012）；中国博士后科学基金资助项目（20080441087，200902543）；东北大学博士后基金资助项目（20080413）；国家自然科学基金重大研究计划培育项目（90924016）；国家自然科学基金重点资助项目（70931001）。

通信作者：蒋忠中，东北大学工商管理学院，讲师，E-mail：zzjiang@mail.neu.edu.cn。

等商品交易的中介网站。

　　然而，作为电子商务运营的一种新兴模式，电子中介的实践虽然发展很快，但相应的理论研究却远远跟不上实践发展的需要。大部分中介网站仅仅是一个替买卖双方用户发布交易信息的场所，而买卖双方的交易匹配尚需要用户通过浏览网站信息或者网站提供的简单搜索功能来自己完成，中介网站自身并不具备交易信息的优化匹配功能，这样的电子中介实际上是仅有买卖双方参与的交易市场（如图 1(a)所示）的一种简单电子化而已，并不能发挥电子中介在交易市场中的真正作用（如图 1(b)所示）。因此总体而言，电子中介实际的效率和效益均不高。随着这个行业的不断发展，电子中介企业之间的竞争势必越来越激烈，所以，如何针对买卖双方的交易信息（即商品信息）实现最优匹配，提高电子中介企业的交易利润和核心竞争力，已成为当前管理科学、运筹学、计算机科学和系统工程等领域备受关注的新兴研究方向，具有广阔的应用前景和重要的科学意义。

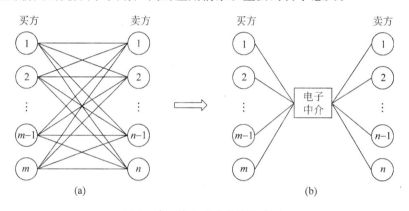

图 1　电子市场交易效率示意图

　　基于中介的交易匹配早期的研究集中在单属性（即价格属性）商品的优化匹配方面[11]，如以NASDAQ 为代表的股票交易系统，近年来伴随电子中介的发展，国内外学者已经开始关注电子中介中多属性商品交易匹配的研究，且理论研究成果多侧重于交易匹配的模型与算法。为此，本文将着重针对电子中介中多属性商品交易匹配模型和算法的研究进展进行综述，并提出未来的研究方向。

1　模型研究进展

　　电子中介的参与对象通常包括三类，即买方（由多个买家组成）、卖方（由多个卖家组成）以及中介（通常为电子中介企业）。其中，买卖双方在向中介递交商品的交易信息后，中介将依据交易信息的约束（如价格、品牌等多属性约束）和交易匹配的多个优化目标（如匹配度最大、社会福利最大、中介收益最大等），完成双方交易的优化匹配任务。由于买卖双方是多对多的关系，Pinker 等[12]将这类网上交易（Web-Based Exchange）视为在线双向拍卖（double online auction）。詹文杰、汪寿阳等[13]根据交易规则中的买卖双方发生交易的不同条件，将双向拍卖划分为连续型双向拍卖和间隔型双向拍卖。依据这一思想，同时考虑到商品的多属性，本文将电子中介中多属性商品交易匹配等同于多属性在线双向拍卖中的交易匹配问题，并将现有的模型分为连续型交易匹配模型和间隔型交易匹配模型。目前，虽然已有不少学者就在线双向拍卖或多属性拍卖问题进行了研究，但是少有学者能将两者结合起来，即研究在线多属性双向拍卖中交易匹配（或称电子中介中多属性商品的交易匹配）的优化模型。接下来本文分别从连续型和间隔型两个方面就多属性商品交易匹配模型的现有研究情况进行综述。

1.1 连续型交易匹配模型

连续型交易匹配是指电子中介(企业)依据买卖双方交易信息,实时地完成优化匹配任务。

美国南佛罗里达大学 Fink 教授及其研究组对复杂商品(即多属性商品)连续交易匹配问题进行了深入研究[14-18],并建立了相应的通用交易匹配模型。利用该模型,中介系统可以将买卖双方实时的买卖请求(即商品的多属性约束)按照属性分层存储,从而建立买方和卖方商品的存储树,如图 2 所示。买卖请求由四元组表示,例如,买方的请求可表示为:$(I_b, Price_b, \max_b, \min_b)$,其中 I_b 为商品集,$Price_b$ 为商品集的价格函数,$\max_b$ 为商品购买数量的上限,$\min_b$ 为商品购买数量的下限;同理,卖方的请求可以表示为 $(I_s, Price_s, \max_s, \min_s)$;如买卖双方产生交易匹配,必须满足如下条件:(1)$i \in I_b \bigcap I_s$;(2)$Price_s \leqslant P \leqslant Price_b$;(3)$\max(\min_b, \min_s) \leqslant size \leqslant \min(\max_b, \max_s)$。除此之外,模型还将存储树分为两类,一类是索引树,该类树存储有确定属性的商品,设用四个属性(车型、颜色、年代、里程数)描述一辆汽车,则购买一辆价格不超过 19 000 美元且里程数在 20 000 英里以下的红色马自达汽车的请求即为有确定属性要求的商品,该商品存储在索引树中;另一类

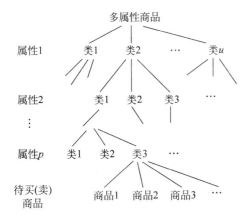

图 2 买(卖)方多属性商品的存储树

是非索引树,该类树存储有非确定属性的商品,如出售价格为 18 000 美元的马自达新汽车,颜色任选,该请求中颜色是不确定的,所以该商品存储在非索引树中。交易匹配过程中匹配顺序为,先索引树后非索引树,匹配的目标是实现价值剩余最大。目前,Fink 等已将交易匹配模型成功应用于二手汽车交易系统,该系统每秒钟能实时处理几百个买(卖)家的交易请求,且系统可容纳 30 000 个买(卖)家,但是该系统尚不能处理带有数量折扣的多数量商品交易匹配,同时也无法实现两个非索引交易请求的匹配。

在金融交易市场方面,Gimpel 等[19,20]建立了多属性双向拍卖机制实现多属性商品连续交易匹配。匹配过程分为两个阶段:(1)如何为一个新的买卖请求找到匹配对象,形成匹配对;(2)匹配对确定后,怎样确定多属性商品最终的交易属性,例如,最终的交易价格。为解决上述交易匹配过程中的关键问题,在第一阶段,即匹配阶段,以个体的效用和社会的福利最大化为优化目标,获得最优的匹配对;然后在第二阶段,即仲裁阶段,Gimpel 等引入合作博弈论模型,并兼顾效率和公平,采用了 Nash 谈判解或 Kalai-Smorodinsky 谈判解确定最终的商品交易属性(如交易价格等)。目前,该模型已在一个基于客户/服务器的交易系统(meet-trade system)上实现了金融交易市场的连续交易匹配,该系统的一个重要特色在于能处理多属性的金融衍生商品,如期权和期货,而非单一的价格属性。

国内王红兵等[21]研究了一个以中间代理为核心的电子市场,通过沟通买卖双方,以帮助买卖双方实时地找到合适的交易伙伴,并为此提出了相应的交易匹配模型。该模型能处理商品的多个属性,诸如质量、价格或成本、数量、提交时间、提交成本和支付手段等,且具有两级资格认定,第一级认定使买方建立和维护可接受的卖方(供应商)列表,或使卖方建立和维护认定的购买方列表;第二级资格认定,让买(卖)方将其具体需求与卖(买)方提出的配额进行匹配。依据具体的适合程度,买(卖)方可找到最适当的卖(买)方,即适合程度最高。同时,模型的一个重要特性是在交易匹配过程中实现了需求隔离(供应聚集)和供应隔离(需求聚集)的功能,其本质是买卖双方商品交易的数量具有很强的灵活性,即一个买家可以从多个卖家购买商品,同时一个卖家亦可以将商品出售给多个买家。通过实例应用研究表明,在确定匹配视角(即买方视角或卖方视角)的前提下,该模型总能为买(卖)家提供最优匹配的卖(买)

家,但是该模型仅适合从买方或者卖方的单一视角进行匹配,无法同时考虑买卖双方相互最优的匹配。

可以看出,连续型交易匹配模型具有实时性强、匹配迅速等特点,适用于解决多属性商品实时交易信息的匹配问题,即当一个新的买卖请求(或称需求)进入中介系统后,电子中介如何实时地为其找到匹配的对象,从而得到一个最优匹配对,且在此之后进入的买卖请求不会对该最优匹配对有任何影响,也就是说一旦最优匹配对形成,交易即产生。但在现实的多属性商品交易中,较多情形并不是要求进行实时匹配,而是需要中介对某个时段内买卖双方交易信息进行匹配,例如对于房产交易,中介网站可能会将一天之内收集到的大量交易信息汇总,然后实现最优交易匹配,对此我们需要引入间隔型交易匹配模型。

1.2　间隔型交易匹配模型

间隔型交易匹配是指电子中介(企业)依据买卖双方的交易信息,按照预定的间隔时间周期性地完成优化匹配任务。与连续型交易匹配不同的是,间隔型交易匹配每次(即一个周期内)需要优化匹配的信息量比连续型交易匹配要大得多,因而通常具有更好的流动性和更高的效率[22],从而能为买卖双方找到更优的匹配对象,同时亦有利于电子中介企业获取更多的利润。为此,国内外学者就电子中介的间隔型交易匹配问题提出了相应的匹配模型,并涉及了多个领域的应用。

国外方面,Ryu[23]研究了多属性商品拍卖市场交易匹配机理,建立了以价值剩余最大化为目标的匹配模型,并将除价格和数量属性之外的其他属性约束进行分级处理,研究表明求解该模型得到的最优匹配对为稳定匹配对。Jung 和 Jo[24]将买方集合和卖方集合互为变量集和值域集,从而将电子中介中多属性商品交易匹配问题的模型转化为约束满足问题(Constraint Satisfaction Problem,CSP),约束便是各个节点对各自买或卖商品的属性要求值或属性值,其中包括硬约束和软约束,即模型中的约束条件。Kameshwaran 和 Narahari[25]研究了多单元同类多属性商品的交易匹配模型,并探讨了模型的特性,结果表明即便在只考虑价格和数量两个属性的情况下,依据买卖双方交易信息的结构,交易匹配模型亦可能成为 NP-Hard 难题。Engel 和 Wellman 等[26]研究了多属性双向拍卖中买卖双方交易信息(投标书)的约束以及最优交易匹配问题,其中将交易信息约束分为四类,即 NI(Bid AON and not aggregating,一次性不可聚集)、AD(Bid allows aggregation and divisibility,可聚集且可分割)、AI(Bid AON, allows aggregation,一次性可聚集)、ND(No aggregation, divisibility,不可聚集但可分割);接着结合多属性效用理论将交易匹配问题转换成一类网络流模型(Network flow models),并分析了四类交易约束信息对模型求解的影响。Dani 和 Pujari 等[27]对具有不可分割交易约束的多属性双向拍卖进行了研究,文中以交易剩余最大以及浪费最小为优化目标建立了交易匹配模型,模型的特点在于,一方面考虑了不可分割的交易约束,另一方面将交易商品除价格之外的其他属性(如数量、规格(长、宽等))作为交易匹配优化目标的一部分,即浪费最小;该类模型尤其适合纸业和钢材业交易市场的匹配。Kim 和 Chung 等[28]研究了货物配送的电子中介系统,该系统由发货人、送货人和中介组成,每个发货人将货物的货物量、发送时间窗及发送费用等其他属性要求交与中介,同时每个送货人亦将货物承载量、可工作时间段及送货费用等与发货人对应的属性交与中介,然后中介依据双方的信息建立以最大化送货人的利润为目标函数,承载量和时间等属性为约束条件的优化匹配模型。Placek 和 Buyya[29]建立了存储器服务的全球交易平台,包括存储器提供者(Storage Provider)、存储器客户(Storage Client)、存储器中介(Storage Broker)以及存储器交易(Storage Exchange),其中存储器交易是存储器中介实现交易的组件(场所),存储器拥有多个属性,如容量、上载率、下载率以及可用时间段,并为该平台设计了双向拍卖的市场交易匹配模型。Schnizler 和 Neumann[30]针对网格服务的分配与调度问题,建立了多属性组合交易匹配模型,模型的目标函数是最大化买卖双方的交易剩余(即最大化社会福利),约束条件包括时间约束、组合约束和协同分配约束等。Gujo[31]研究了企业间物流服务交易匹配的问题,依据物流服务提供商(卖方)和顾客(买方)之间的供需关系,建立了多属性组合交易匹配模型,优化的目标是实现顾客的满意度最大化。

国内方面,张振华、汪定伟就电子中介中的商品交易匹配问题做了相应的研究工作[32-36],文献[32]研究了电子中介中单件物品交易时的多属性匹配问题,以买方满意度最大为目标函数建立了该问题的多目标指派模型;文献[33]提出了电子中介处理多属性商品交易时双方的满意度函数,以最大化双方满意度为目标,建立了多个买家和多个卖家各交易一件同类商品的多目标匹配优化模型;文献[34,35]分别介绍了交易匹配模型在旧房和旧车市场中的应用研究。文献[36]考虑了电子中介中匹配的三个目标,即买卖双方的满意度和中介的利润,建立了相应的多目标指派模型。蒋忠中、盛莹等[37,38]以C2C电子商务为实际背景,研究了在商品属性权重信息不完全的情况下买卖双方的交易匹配问题,并提出了相应的多目标决策模型。最近,樊治平、陈希[39,40]在上述研究基础上运用公理设计和二元语义等方法确定买卖双方交易的匹配度,并建立了多目标线性规划模型。上述关于间隔型交易匹配模型的应用研究为众多领域的电子中介中多属性商品交易匹配问题提供了有益的理论指导和决策支持。

综上所述,间隔型交易匹配模型通常属于数学规划模型,具有规模大、约束多等特点,适合于解决多属性商品某个时段内交易信息的匹配问题,由于交易信息量庞大,交易信息约束众多等特性,使得间隔型交易匹配模型的求解相对连续型交易匹配模型而言更具有挑战性。为此,在下面的章节中,我们将对两类模型的求解算法进行综述。

2 算法研究进展

目前,求解匹配模型的算法主要分为两大类:精确算法(Exact Algorithm)和启发式算法(Heuristics),其中,精确算法较多地应用于连续型交易匹配模型的求解;而间隔型交易匹配模型在规模相对不大时可用精确算法求解,但当规模较大时启发式算法更为有效。接下来重点探讨这两类算法的研究进展。

2.1 精确算法

精确算法指可求出最优解的算法。针对连续型交易匹配模型的求解,Fink 等[14-18]提出了深度优先搜索和最好优先搜索两种算法。深度优先搜索算法首先通过搜索索引树得到满足买(卖)家匹配条件的所有叶子节点,然后依据买(卖)家的特性函数(该特性函数决定了买(卖)家对商品多个属性的偏好程度)从上述叶子节点中选取使得特性函数值最大的叶子节点作为该买(卖)家的匹配对象。当商品的某些属性具有单调性(如汽车的里程数)时,最好优先搜索算法通常比深度优先搜索算法更快。该算法亦分两步,第一步是从索引树中找出能与买(卖)家匹配的且是单调性属性的最小深度节点;第二步是从第一步得到的节点的子树中利用特性估计找到与之匹配的最优叶子节点,这里的特性估计基于一个子树上所有单调性属性的最优值组合。Gimpel[19-20]和王红兵等[21]提出较为相似的匹配算法,基本思想是依据实时进入中介系统的买(卖)家的请求和其给出的效用函数(或称适合函数),并通过效用函数确定该买(卖)家的匹配对象。例如:以买家请求为例,匹配算法的过程如下:(1)确立买家对各种商品属性的偏好;(2)通过买家的适合函数计算现有卖家的适合度;(3)按照适合度对卖家进行排序,显然排名第一的卖家即为最优的匹配对象。

精确算法亦应用于求解间隔型交易匹配模型,尤其适合于较小规模的线性规划匹配模型。Ryu[23]将建立的交易匹配模型视为一种指派问题,通过精确求解该指派问题得到一个最优匹配解的空间,然后运用稳定交易匹配算法从该空间得到最优且稳定的匹配对。Engel 和 Wellman 等[26]运用分支定界算法对建立的多属性交易匹配模型（即网络流模型）进行了求解。Dani 和 Pujari 等[27]针对交易匹配模型的特点提出了基于指派树的指派算法，该算法基本思想是从买卖双方中找出单位商品交易对目标函数最大化最有利的买家和卖家，然后最大化他们之间的交易数量；算法的时间复杂度为 $O(n^2)+O(n \log n)+O(n)$，这里 n 为买家和卖家的数量。Placek 和 Buyya[29]针对存储器中介的交易匹配模型，给出了优先适应、最大化交易剩余、利用率最优和最大剩余/利用率最优组合等四种算法，并给出了四种算法的计算结果分析，研究表明最大剩余/利用率最优组合的算法具有更好的性能。张振华[41]等考虑商品的多属性，给出了交易者按综合满意程度对满足自己约束对方的排序计算方法。将 Gale-Sharply 和 H-R 算法从理论上扩展到"p-k"情况，用来解决电子中介处理稳定的多对多双边匹配问题。需要指出的是，当问题的规模较大时，上述精确算法很难在一个合理时间内求得模型的最优解，因而在这种情况下，启发式算法是一个更好的选择。

2.2　启发式算法

启发式算法是在算法的设计中嵌入一些该问题领域的"智能知识"，即一组启发式规则，算法在搜索过程中依据这些规则进行搜索，这有助于(1)改善算法求解的质量；(2)缩短算法找到最优解的时间；(3)算法可以有效地求得特定问题的最优解（或次优解）。与精确算法相比，启发式算法具有更高的搜索效率，因而适合求解较大规模的间隔型交易匹配模型。例如：Kim 和 Chung 等[28]根据货物配送中介交易匹配模型的特点，设计了贪婪随机自适应搜索的启发式算法（Greedy randomized adaptive search procedure, GRASP，该算法最先由 Feo and Resende[42]1995 年提出）。算法分两个阶段，第一阶段是运用启发式规则构建一个初始解，启发式规则如下：配送任务依据一定的选择概率（该概率与其对中介的利润大小成正比）依次进入初始解中，直到所有能产生利润的任务都被选入初始解；第二阶段是对初始解重复进行插入和删除一个任务的操作，直到该解的目标函数值不能再进一步优化，即得到了该模型的最优（次优）解。结果表明该算法比动态规划法能更有效的求解文献[28]建立的交易匹配模型。张振华、汪定伟提出两类求解匹配模型的启发式算法。文献[32]提出了有指导随机搜索算法对经过理想点法转换得到的非线性指派模型进行求解，并通过实例验证了算法的有效性。文献[33]将多目标的交易匹配模型转换为单目标二分图最大权重匹配问题后，提出了求解该问题的优先贪婪算法，并通过与精确算法和标准贪婪算法进行比较，结果表明，优先贪婪算法全面优于标准贪婪算法，且在规模较大时，优先贪婪算法较精确算法在计算时间上具有明显的优势。

启发式算法虽然具有解决大规模间隔型交易匹配模型的能力。但通常的启发式算法还存在一些缺陷，如启发式规则仅适合于特定的模型或问题，一旦问题的结构发生改变则该启发式策略也许完全失效。近年迅速发展起来的元启发式算法（Meta-heuristics），或称现代启发式算法、智能优化算法等，是一类通用的且不依赖于问题的新型启发式算法，如遗传算法、模拟退火和禁忌搜索等，此类算法只要做少许修改就可以解决不同的实际问题，因而已成为求解大规模复杂问题的一种强有力方法。汪定伟[36]提出群落选址算法求解了多目标交易匹配模型。但值得一提的是，迄今为止使用元启发式算法求解间隔型交易匹配模型的文献并不多见。

由此可见，精确算法适合于求解小规模结构较简单的交易匹配模型。对于复杂的大规模交易匹配问题，如果采用精确算法获得最优解，通常需要花费很大代价，且难以得到理想结果，特别是对于间隔型交易匹配模型，由于交易信息量庞大，交易信息约束众多等特点，使得解决该类模型主要依赖于启发式算法。但是，现有的启发式算法研究多集中在针对特定问题的传统启发式算法研究，通常存在通用性较差等缺陷，因而，我们认为，如何在目前算法研究的基础上，提出和设计通用性更强，速度更快，效率更高的元启发式算法是非常值得探索的研究方向。

3 研究展望

虽然近几年有关电子中介中多属性商品交易匹配的研究已经开始受到少数学者关注,并取得了一定的研究成果,但是这些研究成果仅仅是初步的,仍有很多问题尚未得到有效的解决。近年来,作者结合主持的国家自然科学基金、中国博士后科学基金等项目的研究,对电子中介中多属性商品交易匹配模型与算法进行了初步探讨,并依据近一段时间该领域的动态和趋势,作者预计进一步的研究将会集中在以下几个方面:

(1) 匹配信息方面。现有的研究成果绝大多数仅考虑电子中介多属性商品交易匹配中存在的对称且确定的交易信息。而在现实生活中,一方面,买卖双方可能给出模糊交易信息,如在二手车市场,卖家给出"出售九成新左右的丰田汽车一台,价格尽量不低于 10 万元";另一方面,通常买方对商品属性的了解程度要远低于卖方,因而买方和卖方对商品属性的描述无论是内容上还是数量上都是不对称的。所以,如何确定这些不对称且模糊信息(属性)之间的匹配关系并计算它们之间的匹配度,最终实现优化匹配,是未来电子中介多属性交易匹配研究更为现实和新兴的方向。

(2) 匹配模型方面。现有的研究成果绝大多数将匹配模型(尤其是对于间隔型交易匹配模型)的目标函数设为仅与价格有关,如交易剩余最大、交易额最大等,而除价格之外的其他属性均作为匹配的约束条件。事实上,其他属性之间的匹配度,如"质量、售后服务"在满足相应约束条件的情况下,也应作为模型的优化匹配目标之一。文献[32,37,38,39]虽然建立了初步的多属性匹配模型,但是,显然对于处理具有不对称模糊信息和复杂交易信息结构(例如多数量折扣价格,组合交易等)的优化匹配问题是不够的。此外,从电子中介企业的市场影响力角度出发,匹配模型的优化目标还应考虑最大化交易的匹配对数量。

(3) 匹配算法方面。通过算法分析可以看出,目前求解电子中介中多属性交易匹配模型的元启发式算法较为缺乏。特别是对于具有不对称模糊交易信息和复杂交易信息结构的间隔型交易匹配问题,此时建立的匹配模型通常属于大规模的非线性多目标模糊规划模型,难以用现有算法求解。因而,未来算法方面的研究应在目前算法研究成果的基础上,提出和设计通用性更强,速度更快,效率更高的元启发式算法,求得交易匹配模型的最优解(或次优解)。

4 结论

基于电子中介的多属性商品交易匹配问题是近年来管理科学、运筹学、计算机科学和系统工程等领域备受关注的新兴研究方向,具有广阔的应用前景和重要的科学意义。本文探讨了电子中介的基本概念,并对电子中介中多属性商品交易匹配的模型与算法进行了综述。在此基础上,对于多属性商品交易匹配模型与算法的进一步研究方向做了分析展望,期望能为从事该领域研究的学者提供参考。

参 考 文 献

[1] IDC. 数字市场模式与预测. [EB/OL] http://www.bjfar.com/News/25.html.

[2] DCCI. 2009 中国互联网受众指数测量报告. [EB/OL] http://data.chinabyte.com/mfbgjd/164/3061164.sht ml.

[3] Wang D W, Nuttle H L W, Fang S C. Survey of e-commerce modeling and optimization strategies[J]. Tsinghua Science and Technology, 2005, Z1: 761-771.

[4]   Albers S, Clement M. Analyzing the success drivers of e-business companies[J]. IEEE Transactions on

Engineering Management，2007，54(2)：301-314.

[5] Yoon C. The effects of national culture values on consumer acceptance of e-commerce：Online shoppers in China [J]. Information and Management，2009，46(5)：294-301.

[6] 陈禹. 电子商务——研究与展望[J]. 信息系统学报，2009，3(1)：101-102.

[7] Blinov M，Patel A. An application of the reference model for open distributed processing to electronic brokerage [J]. Computer Standards & Interfaces，2003，25：411-425.

[8] Bichler M，Segev，A. A brokerage framework for internet commerce[J]. Distributed and Parallel Databases，1999，7：133-148.

[9] 张振华. 电子中介中交易匹配方法及其应用研究[D]. 沈阳：东北大学，2005.

[10] 蒋锡军. 电子商务中介的理论及实例研究[D]. 南京：南京理工大学，2006.

[11] Segev A，Beam C. Brokering strategies in electronic commerce markets[C]. Proceedings of the 1st ACM conference on Electronic commerce，Denver，CO，USA，1999，167-176.

[12] Pinker E J，Scidmann A，Vakrat Y. Managing online auctions：Current business and research issues[J]. Management Science，2003，49(11)：1457-1484.

[13] 詹文杰，汪寿阳. 评"Smith 奥秘"与双向拍卖的研究进展[J]. 管理科学学报，2003，6(1)：1-12.

[14] Fink E，Johnson J，Hershberger J. Fast-paced trading of multi-attribute goods[C]. IEEE International Conference on Systems，Man and Cybernetics，Washington，DC，USA，2003，5：4280-4287.

[15] Fink E，Johnson J，Hershberger J. Multi-attribute exchange market：theory and experiments[J]. Lecture Notes in Computer Science，2003，2671：603-610.

[16] Fink E，Gong J L，Hershberger John. Multi-attribute exchange market：Search for optimal matches[C]. IEEE International Conference on Systems，Man and Cybernetics，The Hague，The Netherlands，2004，5：4140-4146.

[17] Fink E，Johnson J，Hu J. Exchange market for complex goods：theory and experiments[J]. Netnomics，2004，6：21-42.

[18] Hershberger J. Exchanges for complex commodities：toward a general-purpose system for on-line trading[D]. Florida：University of South Florida，2003

[19] Gimpel H，Mäkiö J，Weinhardt C. Multi-attribute double auctions in financial trading[C]. Proceedings of the Seventh IEEE International Conference on E-Commerce Technology，Washington，DC，USA，2005，366-369.

[20] Gimpel H，Mäkiö J. Towards multi-attribute double auctions for financial markets[J]，Electronic Markets，2006，16 (2)：130-139.

[21] 王红兵，王铁成，谢俊元. 智能买卖交互模型[J]. 计算机学报，2003，26(9)：1190-1195.

[22] Economides N，Schwartz R A. Electronic call market trading [J]. Journal of Portfolio Management，1995，21(3)：10-18.

[23] Ryu Y U. Hierarchical constraint satisfaction of multilateral trade matching in commodity auction markets[J]. Annals of Operations Research，1997，71：317-334.

[24] Jung J J，Jo G S. Brokerage between buyer and seller agents using Constraint Satisfaction Problem models[J]. Decision Support Systems，2000，28：293-304.

[25] Kameshwaran S，Narahari Y. Trade determination in multi-attribute exchanges [C]. IEEE International Conference on E-commerce，Newport Beach，USA，2003：173-180.

[26] Engel Y，Wellman M P，Lochner K M. Bid expressiveness and clearing algorithms in multiattribute double auctions[C]. Proceedings of the 7th ACM conference on Electronic commerce，Ann Arbor，USA，2006：110-119.

[27] Dani A R，Pujari A K，Gulati V P. Continuous call double auctions with Indivisibility constraints[C]. The 2005 IEEE International Conference on e-Technology，e-Commerce and e-Service，Hongkong，China，2005：32-37.

[28] Kim H K，Chung W J，Hwang H，Ko C S. A distributed dispatchingmethod for the brokerage of truckload freights [J]. International Journal of Production Economics，2005，98：150-161.

[29] Placek M, Buyya R. Storage Exchange: A global trading platform for storage services[J]. Lecture Notes in Computer Science, 2006, 4128: 425-436.

[30] Schnizler B, Neumann D, Veit D, Weinhardt C. Trading grid services-a multi-attribute combinatorial approach [J]. European Journal of Operational Research, 2008, 187: 943-961.

[31] Gujo O. Multi-attribute inter-enterprise exchange of logistics services [C]. Proceedings of the10th IEEE Conference on E-Commerce Technology and the Fifth IEEE Conference on Enterprise Computing, E-Commerce and E-Services, Washington, D.C., USA, 2008: 113-120.

[32] 张振华, 汪定伟. 电子中介中的多属性匹配研究[J]. 计算机工程与应用, 2005, 4: 9-11.

[33] 张振华, 汪定伟. 电子中介中的交易匹配研究[J]. 控制与决策, 2005, 20(8): 917-920.

[34] 张振华, 汪定伟. 电子中介在旧房市场中的交易模型研究[J]. 系统仿真学报, 2006, 18(2): 492-499.

[35] 张振华, 汪定伟. 电子中介在旧车交易中的匹配[J]. 东北大学学报(自然科学版), 2005, 26(4): 216-218.

[36] 汪定伟. 电子中介的多目标交易匹配问题及其优化方法[J]. 信息系统学报, 2007, 1(1): 102-109.

[37] 蒋忠中, 盛莹, 樊治平, 袁媛. 属性权重信息不完全的双边匹配多目标决策模型的研究[J]. 运筹与管理, 2008, 17(4): 138-142.

[38] Jiang Z Z, Fan Z P, Yuan Y. A matching approach for one-shot multi-attribute exchanges with incomplete weight information in E-brokerage[C]. The Sixth International Symposium on Management Engineering, Dalian, China, 2009, 1-8.

[39] 樊治平, 陈希. 电子中介中基于公理设计的多属性交易匹配研究[J]. 管理科学, 2009, 22(3): 83-88.

[40] 陈希, 樊治平. 电子采购中具有语言评价信息的交易匹配问题研究[J]. 运筹与管理, 2009, 18(3): 132-137.

[41] 张振华, 贾淑娟, 曲衍国, 孙婧, 汪定伟. 基于稳定匹配的电子中介匹配研究[J]. 控制与决策, 2008, 23(4): 388-391.

[42] Feo T A, Resende M G C. Greedy randomized adaptive search procedures[J]. Journal of Global Optimization, 1995, 6: 109-133.

A Review on Matching Models and Algorithms of Multi-attribute Commodity Exchange in Electronic Brokerage

JIANG Zhongzhong[1], SHENG Ying[2], FAN Zhiping[1] & WANG Dingwei[3]

(1 School of Business Administration, Northeastern University, Shenyang 110004

2 College of Science, Northeastern University, Shenyang 110004

3 School of Information Science and Engineering, Northeastern University, Shenyang 110004)

Abstract　As an important sector of E-commerce, electronic brokerage has been a hot topic in this research field. Based on the concept of electronic brokerage, this paper summarizes the matching models of multi-attribute commodity exchange in electronic brokerage, and then the algorithms of the matching models are discussed. Finally, the further issues on models and algorithms of multi-attribute commodity exchange are proposed.

Key words　Electronic brokerage, Multi-attribute commodity, Trade matching, Model, Algorithm

作者简介:

蒋忠中(1979—), 男, 湖南祁阳人, 东北大学讲师, 博士。研究方向: 系统建模与决策, 智能优化算法等, E-mail: zzjiang@mail.neu.edu.cn。

盛莹(1981—), 女, 辽宁沈阳人, 东北大学助教, 从事数值计算等研究。

樊治平(1961—), 男, 江苏镇江人, 东北大学教授, 博导, 从事决策分析等研究。

汪定伟(1948—), 男, 江西彭泽人, 东北大学教授, 博导, 从事复杂系统建模与优化等研究。

信息系统学报
（第7辑）：82－96

China Journal of Information Systems
82－96

国际信息系统研究者群体的地域分布及合作模式探讨[*]

邱凌云

（北京大学光华管理学院，北京　100871）

摘　要　经过30多年的发展，信息系统作为一个独立的学术领域在全世界的教学研究机构得到了广泛承认。本文通过分析7种信息系统领域公认的高质量英文学术期刊自1977年至2006年的作者数据，试图描绘出国际十从事本领域研究的活跃学者们在地域分布上的特点及其在过去30年间的演进过程。此外，本研究还调查了研究者之间及研究机构之间的协作模式。最后，本文针对这些特点和模式的成因以及它们对我国信息系统研究者的启示做了进一步的探讨。

关键词　信息系统研究群体，全球化，地缘分布，合作模式

中图分类号　C931.6

1　引言

自从计算机和通讯技术于20世纪50年代得到商业应用以来，信息系统（IS）作为一个教学和科研学科已经经历了30多年的发展[1]。在这个发展过程中，一系列重要的里程碑式的事件包括美国明尼苏达大学于20世纪60年代设立信息系统专业博士生项目，一系列专注于IS研究的学术期刊的创立，例如于1977年创刊的MIS Quarterly，以及于1980年召开的第一届国际信息系统年会（International Conference of Information Systems）。尽管和其他管理类学科相比，信息系统还显得较为年轻，但随着信息系统对现代信息经济的影响日益显著，其在学术领域也开始受到重视，越来越多的教育机构已经将信息系统作为商学院/管理学院内的重点专业之一，并成立了相应的科系，专业的IS学术研究群体也应运而生。那么当前国际上这个群体的活跃成员到底来自哪些地区和学校？这个群体的发展有什么特点？群体内的成员相互之间又是如何合作的？回答这些问题不仅可以全面展示本研究领域内研究者的个体组成及其变化特点[2]，还有助于我们了解整个信息系统学科的发展规律和演进趋势。

出于这个目的，已经有不少学者从多种不同的角度做过有意义的探索。例如，有的研究通过对在顶级期刊上所发表论文数量的统计和排序来评选出高产的学者和学校[3]，也有研究通过论文引用数据来发现本领域内最有影响力的人和研究成果[4]，还有研究通过分析研究者的合作情况来探讨IS学科内各个子领域的研究特点以及领域之间的知识交换模式[5]。随着社会网络分析方法的兴起，学者们也开始从人际网络的视角分析研究者们相互协作的特点和规律[2][6]。与此同时，随着信息系统应用在全球范围内的快速普及，IS研究者群体也正变得更加全球化。在科学研究中，人们已经发现研究人员的广泛地缘分布以及跨区域合作的普及无论对研究者的个人发展，还是对整个学科的知识积累都能够起到非常显著的促进作用[7]。然而，现有的文献中对于IS研究者团体的地域分布以及合作模

---

　*　通信作者：邱凌云，北京大学光华管理学院，讲师，E-mail：qiu@gsm.pku.edu.cn。

式的研究还相对较少,从全球视角来考察整个研究者群体的演进过程的论文更是不多。唯一的例外是 Khalifa 和 Ning 最近的论文[8],他们在文中调查了论文发表者们所主要来自的国家和地区,并比较了学术机构和商业公司在论文发表数量上和所造成的影响上的不同。不过他们的研究尚未触及对来自不同国家或地区的研究者们的协同工作模式的分析。

为了填补这一空白,本文收集和分析了自 1977 年至 2006 年间发表在 7 份一流 IS 学术期刊上的作者及其所在单位的信息。我们试图通过对这些数据的深入挖掘来展示 IS 研究者们在地缘分布上的特点和演进趋势。此外,我们还着重分析了来自不同地域的研究者们在合作模式上的特点。我们希望本研究不仅可以对本领域内的活跃地区和研究机构做一个全景展示,还能通过对其成因和发展趋势的探讨为我国研究者在个人职业规划、合作者人选以及研究课题的选择等方面起到参考作用。

2　研究方法

为了保证本课题的研究对象仅包括 IS 研究者群体中的典型成员,我们将取样的期刊限制在得到国际承认的"纯"信息系统期刊①。在这些期刊上往往只发表信息系统领域的研究论文。经过综合多篇对于 IS 学术期刊整体排名论文中的结果[3][9-10],我们选择了 7 种最有影响力的期刊,它们分别是 MIS Quarterly (MISQ)、Information Systems Research (ISR)、Journal of Management Information Systems (JMIS)、Information & Management (I&M)、Decision Support Systems (DSS)、European Journal of Information Systems (EJIS) 以及 Journal of the Association for Information Systems (JAIS)②。

我们收集整理了这 7 种期刊从创刊号直到 2006 年最后一期上所发表的所有学术论文共计 4884 篇,其中包括发表在 MISQ (1977—2006)上的论文 706 篇,ISR (1990—2006)上发表的论文 335 篇,JMIS (1984—2006) 上发表的论文 728 篇,EJIS (1991—2006) 上发表的论文 387 篇,I&M (1977—2006) 上发表的论文 1351 篇,DSS (1985—2006) 上发表的论文 1274 篇以及 JAIS (2000—2006) 上发表的论文 103 篇。在选取论文时,我们注意剔除了发表在这些期刊上的其他非学术论文作品,包括编辑寄语、客座编辑寄语、编辑评论、读者来信、书评、访谈、会议报告以及勘误等。对于每篇选中的论文,我们都提取出论文作者的姓名信息以及论文发表时该作者所隶属的单位名称和所在国家(或地区)。

为了进一步从宏观层面上描述 IS 研究者群体的地缘分布特点,我们将每位研究者所属的单位根据其所在国家(或地区)划分成北美、欧洲和亚太(包括亚洲和大洋洲)三个主要地区。尽管这样的分类方法与国际信息系统学会(The Association for Information Systems,AIS)提出的会员区域划分标准略有不同③,而且未能覆盖所有地区(南美洲和非洲),但考虑到在地缘特征和历史沿革上的相似性以及南美洲与非洲国家学者所发表的论文数占整体比例极少(仅占总数的 0.6%),我们最终决定采用以上这种更为直观的分区方法。

---

　　① 基于这种考虑,一些知名的泛管理类期刊(如 Management Science)或技术导向型的期刊(如 Communications of the ACM,各种 ACM Transactions 以及 IEEE Transactions)未被包括在本研究的取样范围之内。

　　② 最近的一些研究显示,JAIS 作为 AIS 的旗舰刊物,尽管创刊时间较短,但已经得到 IS 研究群体的大力支持,其发表论文的研究水平已经得到了广泛的接受和认可[3,8]。

　　③ AIS 将全球所有国家和地区划分成三个区域:第 1 区包括北美洲和南美洲;第 2 区包括欧洲、中东和非洲;第 3 区包括亚洲其他地区以及大洋洲。

此外,在统计论文发表数量的时候,我们采取了以往类似研究中使用过的"等分法"来计算每位研究者或每个单位发表论文的总点数①。在"等分法"下,每篇论文固定计算为1点,而该论文的每一位作者(以及其所属的单位/国家/区域)从该篇论文中得到的点数取决于该论文的作者数量。例如,一篇单一作者论文的作者将从该篇论文获得1点;如果一篇论文由两位作者合作完成,则每人各得0.5点,三人则各得0.33点,以此类推。这样的统计方法在以往的排名类论文中被广泛采用[3][8]。

3 研究结果

3.1 群体成员的地缘分布特点②

为了显示IS研究者在地缘分布上的变化趋势,我们根据作者的所属单位将发表论文的点数进行了累加,从而可以通过在高质量期刊上的论文发表数量来表现出各大学或研究机构在IS研究领域的相对活跃程度。如图1所示,以每年的论文发表总点数的占比统计,北美地区的研究者们在这7份期刊上每年发表的论文点数超过60%,显示来自该地区(主要是美国和加拿大)的学者在IS研究群体中占据优势地位。但值得注意的是,该比例有逐渐下降的趋势,而来自欧洲和亚太地区的学者所发表的论文占比正在逐年上升,表现出这些地区的学者在学术研究上日渐活跃。尤其值得一提的是亚太地区的发展势头较欧洲更为强劲,在2001年之后已经与后者非常接近甚至超出。简而言之,尽管北美地区的学术机构在高质量IS期刊上的论文发表依然占据主流地位,来自欧洲以及亚太地区的研究群体正在迎头赶上。这从一个侧面反映出IS研究群体的全球化平衡发展的趋势正在形成。Khalifa和Ning在其研究中也发现了类似的现象[8]。

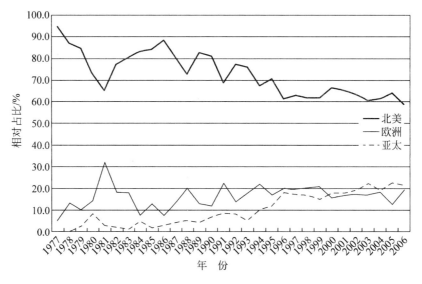

图1　各地区每年发表论文点数相对占比变化趋势

---

①　另一种方法为"简单计数法",即每篇论文将为该论文的每一位作者带来1点。Lindsey（1980）曾经讨论过这种方法在计算多人合著论文时可能导致的偏差和结果扭曲[18]。考虑到多人合著论文将是本文研究学者之间的合作模式的主要数据来源,所以我们决定在统计时采用"等分法"。

②　考虑到某位学者在不同时期可能在不同地区的大学就职,我们大多数的分析都是以论文发表时作者所在的大学作为分析对象。关于学者发表论文点数的个人排名请见附录1。

接下来,我们将以上数据根据作者所在的单位进行分类汇总,以列出在统计范围内的 3 个 10 年间发表论文总数最多的大学排名(见表 1)。结果显示在 1977—1986 的 10 年间仅有一家北美地区以外的学校上榜(以色列特拉维夫大学),但也仅排名第 9。在下一个 10 年间这样的趋势依然被保持着,但来自亚洲的新加坡国立大学一举位列第 3 名。有意思的是,在最近的 10 年间,该榜单有了较大的变化。在前 20 名的列表中已经有了 6 家来自非北美地区的学校,除了新加坡国立大学以外,还有韩国科学技术院(KAIST)、香港城市大学、英国 Brunel 大学、香港科技大学以及香港中文大学。来自亚洲地区的学校已经占到了前 20 名的 1/4 强。这不仅再次体现出北美大学的绝对优势地位正在被一个更加多元化的地区性格局所取代,还从另一个侧面反映出近年来亚洲的高等院校在教育和科研上普遍加大投入所带来的成效,例如花费更多的资源用以聘用知名教授、录取高素质的博士研究生以及对学术研究成果给予鼓励等等[11]。这些措施都导致该地区研究者群体的国际地位日渐提升[12]。

表 1 各个时期发表论文总点数最高的前 20 所大学排名

排名	1977—1986		1987—1996		1997—2006	
	学术机构名称	国家或地区	学术机构名称	国家或地区	学术机构名称	国家或地区
1	University of Minnesota	美国	University of Arizona	美国	University of Arizona	美国
2	New York University	美国	University of Minnesota	美国	Georgia State University	美国
3	University of Houston	美国	National University of Singapore	新加坡	National University of Singapore	新加坡
4	University of California at Los Angeles	美国	University of Georgia	美国	Korea Advanced Institute of Science and Technology	韩国
5	University of Arizona	美国	University of Pennsylvania	美国	City University of Hong Kong	中国香港
6	Indiana University at Bloomington	美国	Massachusetts Institute of Technology	美国	University of Maryland	美国
7	University of Missouri at St. Louis	美国	New York University	美国	University of Texas at Austin	美国
8	University of Maryland	美国	University of South Carolina	美国	Brunel University	英国
9	Tel Aviv University	以色列	University of Pittsburgh	美国	University of Minnesota	美国
10	University of Pennsylvania	美国	Carnegie Mellon University	美国	Indiana University	美国
11	Massachusetts Institute of Technology	美国	Florida International University	美国	Hong Kong University of Science and Technology	中国香港
12	University of Georgia	美国	University of Texas at Austin	美国	University of Georgia	美国
13	University of Texas at Austin	美国	University of Toledo	美国	Arizona State University	美国
14	State University of New York at Buffalo	美国	Drexel University	美国	Chinese University of Hong Kong	中国香港
15	University of British Columbia	加拿大	Texas A&M University	美国	Carnegie Mellon University	美国
16	University of Pittsburgh	美国	University of British Columbia	加拿大	University of British Columbia	加拿大
17	University of Southern California	美国	Auburn University	美国	University of California at Irvine	美国
18	Texas Tech University	美国	University of Southern California	美国	University of Central Florida	美国
19	Boston University	美国	University of Houston	美国	University of Michigan	美国
20	University of Hawaii	美国	University of Colorado at Boulder	美国	University of Pittsburgh	美国

为了进一步调查这样的演变趋势是否在我们所选取的每一种期刊内都存在，我们把以上收据根据期刊加以分类（如表 2 所示）。除了 JAIS 因为创刊较晚而只有最后一个 10 年的数据以外，其余 6 种期刊都有至少两个时期的数据。从中不难看出，北美地区的地位逐渐被亚太地区追赶的趋势几乎在所有期刊上都能看到，例如 MISQ,ISR,JMIS,I&M 和 DSS。和其他期刊相比，EJIS 的模式有点特殊。作为一份主要针对欧洲学者的学术刊物，在刚创刊之后的一段时间，来自欧洲研究者的论文占据了主流。但在接下来的 10 年间，该刊物同样表现出在 3 个主要区域间日趋平衡的分布。总而言之，随着时间的推移，所有被取样的期刊论文作者都表现出了一个更加平衡的地缘分布。

表 2　各时期各期刊论文发表总点数的区域分布占比

		北　美	欧　洲	亚　太	南美和非洲
MISQ	1977—1986	95.81%	2.79%	1.39%	0.00%
	1987—1996	90.52%	6.03%	2.68%	0.76%
	1997—2006	83.38%	8.93%	7.68%	0.00%
ISR	1977—1986	—	—	—	—
	1987—1996	91.20%	4.07%	4.74%	0.00%
	1997—2006	86.89%	4.44%	8.43%	0.24%
JMIS	1977—1986	99.25%	0.75%	0.00%	0.00%
	1987—1996	87.93%	4.87%	7.19%	0.00%
	1997—2006	81.94%	7.94%	10.12%	0.00%
EJIS	1977—1986	—	—	—	—
	1987—1996	23.26%	70.93%	4.65%	1.16%
	1997—2006	25.71%	57.78%	16.51%	0.00%
I&M	1977—1986	67.87%	23.90%	5.22%	3.01%
	1987—1996	74.02%	13.04%	11.82%	1.12%
	1997—2006	54.73%	15.10%	29.50%	0.67%
DSS	1977—1986	73.77%	24.11%	0.00%	2.13%
	1987—1996	59.56%	27.31%	12.67%	0.47%
	1997—2006	55.90%	18.29%	24.92%	0.89%
JAIS	1977—1986	—	—	—	—
	1987—1996	—	—	—	—
	1997—2006	77.27%	11.78%	10.95%	0.00%
总计	1977—1986	82.10%	13.60%	2.80%	1.50%
	1987—1996	72.82%	17.63%	8.90%	0.65%
	1997—2006	62.35%	17.82%	19.38%	0.45%

接下来，我们将数据根据各研究机构所在的国家/地区加以汇总，以找出在每个区域内占据领先地位的国家/地区。如表 3 所示，不出意料，北美 3 国中美国遥遥领先，排在次席的加拿大虽与美国差距明显，但依然在全球范围内排名第 3（仅次于美国和欧洲区的英国），排名其后的墨西哥基本可以忽略不计。在欧洲地区，来自英国和荷兰的研究者居于明显的领先地位，而排名第 3 至第 5 的芬兰、德

国和以色列位于"第二军团",相互差距不大。在亚太地区,排名前五位的国家/地区差距非常小,显示出在该区域内的竞争势均力敌。

表3　三大区域内发表论文总点数排名前5位的国家或地区

排名	北 美		欧 洲		亚 太	
	国家/地区	点数	国家/地区	点数	国家/地区	点数
1	美国	3109.36	英国	284.78	中国香港	132.28
2	加拿大	232.67	荷兰	109.28	中国台湾	115.50
3	墨西哥	3.00	芬兰	59.58	韩国	111.98
4	—	—	德国	57.39	新加坡	100.28
5	—	—	以色列	56.40	澳大利亚	87.23

3.2　群体成员的合作模式

除了统计群体成员各自所在的地区,另一个研究 IS 研究群体成员活动规律的指标是看他们如何与他人分享知识并合作完成研究项目。在科学研究中,学术合作的形式很多,既可以表现为正式的合著论文,也可能是得到来自同事、学生、论文评议人、期刊编辑的建议和意见,以及在各种讲座、会议及其他场合所获得的来自他人的反馈[13]。我们承认正式的合著关系只能代表研究者之间协同工作的一部分,但这也是唯一能用客观手段加以衡量的指标。因此,在本研究中,我们将合著关系视为学者之间直接的和有意识的知识共享行为,并通过它来研究学者们相互之间的合作模式[2]。

首先,我们研究了每篇论文的平均作者人数的时间序列数据。一个非常明显的变化是研究者们正越来越倾向于与他人合作完成研究而非单枪匹马地工作(如图 2 所示)。在头一个 10 年里,有近一半的研究是由研究者们独自完成的,而在最近的 10 年里,80％以上的论文是由两位或两位以上的研究者合作完成。

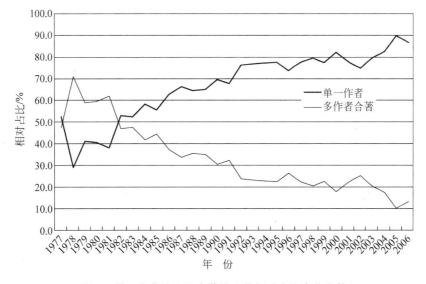

图 2　单一作者论文及合著论文的相对占比变化趋势

我们还将单一作者及合著论文的相对占比数据在三个地区内进行了分析①。如表 4 所示，在北美和欧洲地区，多作者合著论文的比例呈现稳定提高的趋势。而亚太地区则有所不同，从一开始合著论文的比例就相当高。经过对该地区三个时期发表论文的进一步分析，我们发现，由于亚太地区的 IS研究起步较晚，所以在起步阶段往往采取了与欧美学者合作发表的形式。此外，亚太地区学者在该时期发表论文的总数偏少（共计 29 篇），可能也在一定程度上造成了统计上的偏差。

表 4　单一作者论文及合著论文在三个地区内的相对占比变化趋势

地区 年份	北　美		欧　洲		亚　太	
	单一作者	多作者	单一作者	多作者	单一作者	多作者
1977—1986	28.6%	71.4%	36.7%	63.3%	10.3%	89.7%
1987—1996	11.6%	88.4%	18.0%	82.0%	17.4%	82.6%
1997—2006	6.0%	94.0%	12.1%	87.9%	9.2%	90.8%

接下来，我们将所有合著论文根据所属单位是否位于同一地区分为跨区合作和同区合作两种。如图 3 所示，尽管区内合作的比例依然占据多数，但跨区合作的论文数量正在逐渐增加。

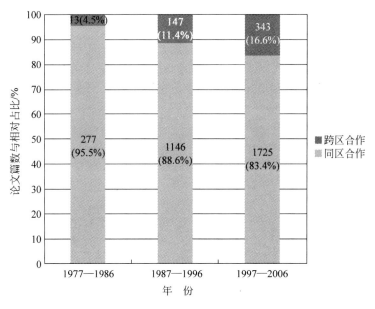

图 3　不同时期跨区合作与同区合作论文的篇数与相对占比

我们将跨区合作的数据根据其地域组成进一步分解并汇总。如图 4 所示，北美和亚太地区学者之间的合作在最近的 10 年中已经占到所有跨区合作论文的一半以上。欧洲和北美地区学者之间的合作居第二位，但呈明显的下降趋势。相比之下，欧洲与亚太地区学者之间的合作始终较少，而涉及三个区域研究者共同协作的论文数量还是凤毛麟角②。

---

①　在表 4 中，我们将跨区论文同时计入所涉及区域的多作者论文数。例如，对于一篇北美与亚太地区的合作论文，它将被同时计入北美地区的多作者论文以及亚太区的多作者论文。

②　当然，这样的结果也与统计基数有关。如果是三区合作论文，则至少要求有三个作者参与。而在所有统计的论文中，三人合著论文的比例（共计 1147 篇，占 23.5%）还是要显著少于两人合著论文的比例（共计 2074 篇，占 42.5%）。

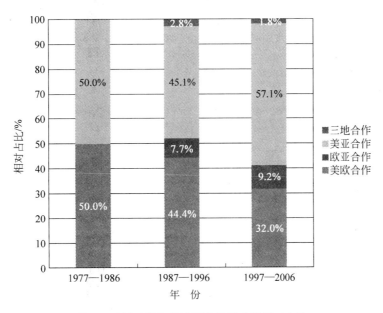

图4 不同时期各种跨区合作模式的相对占比

为进一步揭示研究者们在挑选合作伙伴时的偏好,我们将所有同区合作论文①根据其作者所在的单位进一步划分为跨校合作和同校合作两种模式②。如图5所示,随着时间的推移,研究者们正越来越多地与其他学校的同行而非本校的同事合作发表论文。

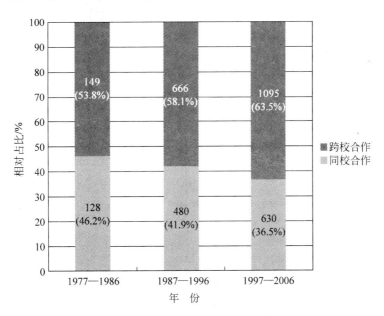

图5 各时期校内合作与跨校合作论文的相对占比

---

① 考虑到跨区合作论文一定是跨校合作论文,故仅选取同区合作论文进行进一步分析。
② 合作论文的作者中只要有一位的单位与其他人不同即被视为跨校合作论文。

我们还将这些同区合作论文按地区进行了分类汇总（如图 6 所示）。数据显示，北美地区的跨校合作比例明显较欧洲及亚太地区为高。

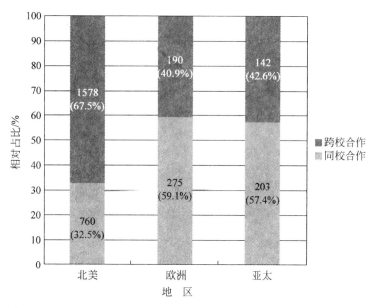

图 6　各地区校内合作与跨校合作论文的相对占比

3.3　大中国地区大学的表现

近年来，有越来越多来自大中国地区（包括香港、台湾和大陆）的论文在国际顶级期刊上发表[①]。如表 5 所示，这些地区虽然起步较晚，但在近十年来表现日趋活跃，在一流 IS 刊物上发表的论文数均显著增长。其中来自中国大陆地区的论文虽然绝对数量不多，但近年来增加明显，显示出我国 IS 学者与国际学界日趋融合[14]。这一趋势在卢向华等人最近的研究成果中也得到了充分印证[15]。

表 5　中国三大地区各时期内的论文发表总点数

地区　　　　年份	1977—1986	1987—1996	1997—2006
中国香港	0.5	23.28	108.67
中国台湾	0.0	15.17	100.33
中国大陆	0.0	2.17	24.85

从合作模式上看，在所有中国地区大学参与发表的论文中，合作论文仍占多数。如表 6 所示，无论是香港、台湾还是大陆地区的学者似乎都更倾向于与同属亚太地区的其他院校合作，与北美院校的合作次之，而与欧洲院校的合作则相对较少。在同区合作论文中，这三大区域里选择同校合作的比例不仅高于跨校合作，也高于亚太地区同校合作的平均比例。其中以香港地区学者最为明显，其同校与跨校的比例几乎达到 9∶1。这在某种程度上显示出这些地区内部各大学之间的合作仍有提升空间。

----

① 需要指出的是，来自大中国地区的论文作者不一定都是华人学者。例如香港地区的多家大学都聘有相当数量的外籍或无中国背景的教授；相比而言，来自中国大陆地区的论文作者则全部具有中国背景。

表6 中国三大地区各论文发表合作模式的篇数与相对占比

地　　区	单一作者	仅同校合作	仅区内 跨校合作	与北美 跨区合作	与欧洲 跨区合作	与欧洲北美 三地合作
中国香港	40(21.9%)	64(35.0%)	7(3.8%)	61(33.3%)	7(3.8%)	4(2.2%)
中国台湾	28(20.1%)	50(36.0%)	19(19.6%)	41(29.5%)	0(0.0%)	1(0.7%)
中国大陆	7(19.4%)	10(27.8%)	5(13.9%)	13(36.1%)	1(2.8%)	0(0.0%)

4 研究结论

4.1 结果讨论

本研究通过分析7本全球知名的IS学术期刊中的作者数据来研究IS研究群体的地域分布和合作模式。我们发现IS研究者群体呈现出明显的全球化特征,表现在:

(1)越来越多来自世界不同地区的研究者和学术机构正加入到这个团队中来并贡献自己的力量;

(2)跨校及跨区合作的比例日益提高。具体来说,尽管来自北美洲的学术机构在IS研究领域依然占有优势地位,但很明显,来自其他区域,尤其是亚太地区的大学,正在为IS研究体系的扩展和新知识的积累做出显著的贡献。

我们认为,有两个关键因素促成了IS研究者群体的全球化分布。首先,尽管IS作为一个独立的研究领域在20世纪的60年代后期到70年代中期起源于美国,但随着信息系统在全球商业领域中的广泛采纳和运用,全球各地的大学纷纷在商学院或信息学院内设立了IS专业,从事IS专业的教学和科研队伍也随之壮大。以我国为例,随着1998年7月教育部的专业设置调整,信息管理与信息系统专业被正式纳入到管理类二级科目——管理科学与工程之中,清华大学、北京大学、复旦大学、南开大学、中国人民大学等院校都相继开设了该专业。因此,我们有理由相信IS研究者的地缘分布也将从某种程度上与全球各地区的整体教育和科研水平一致。

其次,作为信息系统研究领域的发源地,北美地区(尤其是美国)的大学和科研机构吸收了大量来自其他地区的博士研究生。越来越多这样的学者选择在博士毕业之后返回自己的母国从事教育和科研活动。与此同时,凭借他们在北美院校所受到的系统性训练和科研经历,在回到母国之后他们可以继续完成高质量的学术研究。不仅如此,他们还可以在本地区内招收高质量的博士研究生,从而实现科研队伍的本地化发展。尽管在我们现有的统计中未能包括所有研究者的毕业学校,但有一项数据可以作为佐证:亚太地区学者论文发表点数的前10名中第1位到第6位的学者均毕业于北美或欧洲的大学(参见附录2)。

对于IS研究群体日益密切的全球化合作模式,我们认为主要有以下原因:首先,计算机技术和通讯技术的快速发展,尤其是基于互联网的协同工具,诸如电子邮件、网络电话、视频会议、网上调研问卷等工具的出现,使得分布在各大洲的各个大学的研究者共同完成某个研究课题成为可能。如今,学者们可以用极低的成本交流信息、分享知识以及交换数据[16]。这些都帮助他们形成更紧密的联系和保持高效率的沟通,从而进一步增加全球范围内的研究合作。

其次,得益于IS研究者们的教育和工作背景,他们可以跨越地域限制形成更为广泛的人际网络[5]。例如从北美或欧洲获得博士学位的研究者往往会继续保持与他们的导师或同学之间的合作,而这样的合作形成了更大范围内的跨校和跨地区合作的桥梁[7]。当然,这个成因还需要将现有的作者合作模式数据加以进一步分析之后才能够得以证实。我们将在未来的研究中通过社会网络分析等定量方法来对其加以验证。

最后,IS研究者的主要学术会议继续成为研究者们开展学术交流活动的重要平台。除了国际信息系统年会(ICIS)之外，其他三大地区性的信息系统年会(包括亚太地区信息系统年会(PACIS)，美洲地区信息系统年会(AMCIS)以及欧洲地区信息系统年会(ECIS))每年吸引参会的研究者越来越多。面对面的交流使得研究者们不仅可以结识更多的同行，更可以与他人交流自己的研究兴趣，发现并培养潜在的合作机会。这已经被多位学者通过分析 ICIS 会议论文集[2]和 ECIS 会议论文集[6]中的合作模式而得到证实。

本研究的发现对于我国(尤其是大陆地区)从事 IS 相关研究的学者也有一些启示：

(1) 相比我国的香港和台湾地区，大陆地区的院校在 IS 学术研究方面还存在着不小的差距[17]，但信息系统协会中国分会(CNAIS)的成立、《信息系统学报》的创刊以及 2011 年第 22 届国际信息系统年会即将于复旦大学举行，这些都为我国的 IS 研究者群体迅速地和国际社区接轨创造了有利条件。随着中国经济的崛起和在信息系统应用方面具有的特点，与中国问题相关的研究正日益得到国际 IS 研究领域的关注[15]，而中国国内的研究者在这些方面具有天时地利人和的先天优势。我们不应仅满足于将西方现有的研究理论在中国环境下进行单纯的复制或移植，而应从中国特有的研究问题入手并完成高质量的研究。在此基础上，我们要积极向国外主流 IS 刊物及国际会议投稿，争取话语权。

(2) 加强国内各大学同行之间的合作。尽管技术手段在一定程度上降低了跨区合作的成本，但与国内同行的合作依然在距离、语言和协同效率等方面具有无可替代的优势。大陆地区的 IS 学者可以考虑通过 CNAIS 网站、邮件列表、国内学术会议等多种形式分享学术信息，增加交流并促成合作。

(3) 加强与周边地区学者的合作。我们的研究结果显示，我国周边地区如新加坡和韩国的研究者已经在国际舞台上拥有了一席之地，借助地缘优势与这些地区的研究者展开合作将有利于双赢局面的形成。

4.2 研究局限和未来研究方向

本研究还存在一些局限：首先，我们只选择了 7 本最有代表性的期刊，虽然这些期刊无论在其影响因子或学术界的接受程度上都名列前茅，但毕竟只反映了整个研究群体一部分的工作成果，在未来的研究中可以考虑选取更为广泛的期刊样本以获得更加全面的数据。其次，统计上的"等分法"虽然比"简单计数法"产生的扭曲较少，但仍无法反映出作者次序和期刊水准上的不同权重。以后的研究应结合情报科学中的研究成果而采用更科学合理的统计方法。最后，对于研究者之间的合作的具体模式未能进一步展开。我们计划在以后的研究中通过社会网络分析等定量手段来完成这项工作。

总之，我们认为 IS 研究群体的全球分布和协作对于促进 IS 知识的进步起到了正面的作用。首先，来自全球不同地区的研究者可以更好地检验现有 IS 理论的有效性及可推广性，尤其是发现现有理论的有效边界及其与地区性特质的相互影响，从而进一步深化我们对现有理论的认识。其次，通过完成针对特定地区或特定文化的研究课题，北美以外的学者们可以加入主流，从研究本地区特有的课题起步，逐步在学术界内拥有越来越多的话语权。不过，更重要的意义在于跨学校跨地区的合作使得研究者们更广泛地交流思想，激发灵感，从而发现更多值得探讨的研究课题，而只有这样才能进一步巩固和拓展 IS 学科的生存空间和价值。

参 考 文 献

[1] Galliers R D, Whitley E A. Vive les differences? Developing a profile of European information systems research as a basis for international comparisons[J]. European Journal of Information Systems, 2007, 16(1): 20-35.

[2] Xu J, Chau M. The social identity of IS: Analyzing the collaboration network of the ICIS conferences (1980-2005)[C]. Proc 27th International Conference on Information Systems, Milwaukee, USA, 2006.

[3] Clark J G, Warren J. In search of the primary suppliers of IS research: Who are they and where did they come from? [J]. Communications of the Association for Information Systems, 2006, 18: 296-328.

［4］ Whitley E A, Galliers R D. An alternative perspective on citation classics: Evidence from the first 10 years of the European Conference on Information Systems[J]. Information & Management, 2007, 44(5): 441-455.

［5］ Oh W, Choi J N, Kim K. Coauthorship dynamic and knowledge capital: The patterns of cross-disciplinary collaboration in information systems research[J]. Journal of Management Information Systems, 2006, 22(3): 265-292.

［6］ Vidgen R, Henneberg S, Naude P. What sort of community is the European Conference on Information Systems? A social network analysis 1993-2005[J]. European Journal of Information Systems, 2007, 16(1): 5-19.

［7］ Luukkonen T, Persson O, Sivertsen G. Understanding patterns of international scientific collaboration[J]. Science, Technology & Human Values, 1992, 17(1): 101-126.

［8］ Khalifa M, Ning K. Demographic changes in IS research productivity and impact[J]. Communications of the ACM, 2008, 51(4): 89-94.

［9］ Ferratt T W, Gorman M F, Kanet J J, Salisbury W D. IS journal quality assessment using the author affiliation index[J]. Communications of the Association for Information Systems, 2007, 19: 710-724.

［10］ Nord J H, Nord G D. MIS research: Journal status assessment and analysis[J]. Information & Management, 1995, 29(1): 29-42.

［11］ Chau P, Huang L, Liang T P. Information systems research in the Asia Pacific[J]. European Journal of Information Systems, 2005, 14(4): 317-323.

［12］ Dill DD. The regulation of public research universities: Changes in academic competition and implications for university autonomy and accountability[J]. Higher Education Policy, 2001, 14(1): 21-35.

［13］ Laband D N, Tollison R D. Intellectual collaboration[J]. The Journal of Political Economy, 2000, 108(3): 632-662.

［14］ 季少波,闵庆飞,韩维贺. 中国信息系统(IS)研究现状和国际比较[J]. 管理科学学报,2006,9(2):76-85.

［15］ 卢向华,冯骏,黄丽华. 中国信息系统的国际研究分析及比对[J]. 信息系统学报,2009,3(1):75-84.

［16］ Walsh J P, Kucker S, Maloney N G, Gabbay S. Connecting minds: Computer-mediated communication and scientific work[J]. Journal of the American Society for Information Science, 2000, 51(14): 1295-1305.

［17］ Zhang S, Huang L, Yu D. An analysis of information systems research in Chinese mainland[J]. Communication of the Association for Information Systems, 2006, 17: 785-800.

［18］ Lindsey D. Production and citation measures in the sociology of science: The problem of multiple authorship[J]. Social Studies of Science, 1980, 10(2): 145-162.

An Investigation on the Regional Distribution and Collaboration Patterns of the Information Systems Research Community

QIU Lingyun

(Guanghua School of Management, Peking University, Beijing, 100871)

Abstract With more than thirty years of development, the discipline of Information Systems (IS) is now well established in academic institutions around the world. Through the analysis on the authorship data from seven leading IS journals, this paper attempts to describe the characteristics of the community members' regional distribution as well as its evolvement over time. This research also investigates the collaboration patterns among community members around the world. The underlying drivers and implications for the Chinese IS researchers are then discussed.

Key words Information systems research community, Globalization, Regional distribution, Collaboration pattern

作者简介：

邱凌云(1976—   ),男,上海市人,博士,北京大学光华管理学院讲师。研究领域：电子商务、信息系统管理、决策支持系统等。E-mail：qiu@gsm. pku. edu. cn。

附录 1   1977—2006 年所选 IS 期刊论文发表点数研究者个人排名(前 100 位)

排名	姓　名	总点数	论文发表时任教的国家或地区
1	Benbasat，Izak	20.92	加拿大
2	Grover，Varun	16.28	美国
3	King，William R.	15.42	美国
4	Nunamaker Jr.，Jay F.	14.35	美国
5	Whinston，Andrew B.	14.07	美国
6	Blanning，Robert W.	13.83	美国
7	Igbaria，Magid	13.50	美国,以色列
8	Clemons，Eric K.	13.00	美国
9	Straub，Detmar W.	12.58	美国
10	Tam，Kar Yan	12.17	中国香港,美国
11	Watson，Hugh J.	11.70	美国
12	Zmud，Robert W.	11.42	美国
13	Dennis，Alan R.	11.28	美国
14	Lyytinen，Kalle J.	10.92	芬兰,美国
15	Lederer，Albert L.	10.42	美国
16	Robey，Daniel	10.08	美国
17	Konsynski，Benn R.	10.00	美国
18	Ives，Blake	9.67	美国,英国
19	Klein，Gary	9.62	美国
20	Guimaraes，Tor	9.33	美国
21	Wetherbe，James C.	9.33	美国
22	Lee，Ronald M.	9.17	美国,荷兰
23	Chau，Patrick Y. K.	8.92	中国香港
24	Doll，William J.	8.87	美国
25	Lai，Vincent S.	8.83	美国,中国香港
26	Alavi，Maryam	8.83	美国
27	Palvia，Prashant C.	8.75	美国
28	Teo，Thompson S. H.	8.67	新加坡,美国
29	Torkzadeh，Gholamreza	8.37	美国
30	Kauffman，Robert J.	8.33	美国
31	Chen，Hsinchun	8.16	美国
32	Agarwal，Ritu	8.08	美国
33	Swanson，E. Burton	8.00	美国
34	Orman，Levent V.	8.00	美国
35	Liang，Ting-Peng	7.95	美国,中国台湾
36	Wei，Kwok-Kee	7.83	新加坡,美国,中国香港
37	Jarvenpaa，Sirkka L.	7.67	美国
38	Jiang，James J.	7.62	美国
39	Lee，Jae Kyu	7.17	韩国,新加坡
40	Vessey，Iris	7.03	澳大利亚,美国

续表

排名	姓 名	总点数	论文发表时任教的国家或地区
41	Sabherwal，Rajiv	7.00	美国
42	Dutta，Amitava	7.00	美国
43	Walsham，Geoff	7.00	英国
44	Orlikowski，Wanda J.	7.00	美国
45	Vogel，Douglas R.	6.97	美国,中国香港
46	Kraemer，Kenneth L.	6.92	美国
47	Rai，Arun	6.75	美国
48	Kimbrough，Steven Orla	6.67	美国
49	DeSanctis，Gerardine L.	6.58	美国
50	Aiken，Milam W.	6.50	美国
51	Bostrom，Robert P.	6.50	美国
52	Weber，Bruce W.	6.25	美国,英国
53	Huff，Sid L.	6.25	加拿大,新西兰,美国
54	Zhuge，Hai	6.25	中国大陆
55	Shaw，Michael J.	6.25	美国
56	Tanniru，Mohan R.	6.17	美国
57	Nidumolu，Sarma R.	6.08	美国
58	Watson，Richard T.	6.08	澳大利亚,美国
59	Bergeron，Francois	6.08	加拿大
60	Couger，J. Daniel	5.97	美国,中国香港
61	Lee，Allen S.	5.92	美国,加拿大
62	Kozar，Kenneth A.	5.92	加拿大,美国
63	Lucas，Henry C.	5.83	美国
64	Holsapple，Clyde W.	5.83	美国
65	Hirschheim，Rudy A.	5.83	英国,美国
66	Todd，Peter A.	5.83	美国,加拿大
67	Li，Eldon Y.	5.83	美国,中国台湾,中国香港
68	Bhattacherjee，Anol	5.75	美国
69	Sen，Arun	5.67	美国
70	Janson，Marius A.	5.58	美国
71	Jain，Hemant K.	5.58	美国
72	Sambamurthy，Vallabh	5.58	美国
73	Marsden，James R.	5.58	美国
74	Raymond，Louis	5.58	加拿大
75	Karimi，Jahangir	5.58	美国
76	Irani，Zahir	5.53	英国
77	Basu，Amit	5.50	美国
78	Joshi，Kailash	5.50	美国
79	Iivari，Juhani	5.50	芬兰
80	Raghunathan，Srinivasan	5.50	美国
81	Sanders，G. Lawrence	5.45	美国
82	Cheney，Paul H.	5.42	美国
83	Keil，Mark	5.42	美国

续表

排名	姓　　名	总点数	论文发表时任教的国家或地区
84	Jarke, Matthias	5.37	美国,德国
85	Mukhopadhyay, Tridas	5.37	美国
86	Kasper, George M.	5.35	美国
87	Baroudi, Jack J.	5.33	美国
88	Choe, Jong-Min	5.33	韩国
89	Young, Lawrence F.	5.33	美国,以色列
90	Rivard, Suzanne	5.25	加拿大
91	March, Salvatore T.	5.25	美国
92	Rao, H. Raghav	5.23	美国
93	Leidner, Dorothy E.	5.17	美国,法国
94	Gefen, David	5.17	美国
95	Tan, Bernard C. Y.	5.17	新加坡
96	Kettinger, William J.	5.17	美国
97	Sprague Jr. , Ralph H.	5.08	美国
98	Mannino, Michael V.	5.08	美国
99	Byrd, Terry Anthony	5.08	美国
100	Segars, Albert H.	5.00	美国

附录2　1977—2006年所选IS期刊论文发表点数的亚太地区研究者个人排名(前10位[①])

排名	姓　　名	总点数	论文发表时所在国家或地区	博士毕业所在国
1	Tam, Kar Yan	10.17	中国香港	美国
2	Chau, Patrick Y. K.	8.92	中国香港	加拿大
3	Teo, Thompson S. H.	8.17	新加坡	美国
4	Wei, Kwok-Kee	7.58	新加坡	英国
5	Lee, Jae Kyu	7.17	韩国	美国
6	Lai, Vincent S.	6.33	中国香港	美国
7	Zhuge, Hai	6.25	中国大陆	中国
8	Choe, Jong-Min	5.33	韩国	韩国
9	Tan, Bernard C. Y.	5.17	新加坡	新加坡
10	Thong, James Y. L.	4.75	中国香港	新加坡

---

① 　考虑到部分学者曾经在亚太以外的地区任教,故本表中仅包含其在亚太地区大学任教时发表的论文点数,而非其个人全部点数。

学术动态

近期主要活动

√ 2010 年 5 月 29—31 日,第九届武汉电子商务国际大会在武汉举行。本届大会由中国地质大学(武汉)电子商务国际合作中心、中国地质大学(武汉)管理学院、美国 Alfred 大学商学院、美国国际商务交流公司等联合主办,由国内外多个院所共同协办。信息系统协会中国分会(CNAIS)等作为支持单位。来自美国、德国、意大利、加拿大等 8 个国家 23 所高校的 44 位专家,以及清华大学、复旦大学、武汉大学等多所国内高校的学者参加了此次大会。第九届武汉电子商务国际会议以“电子商务在商务管理中的应用问题”为主题,在管理信息系统、创新管理、运作与服务管理以及国际金融等 7 个领域展开了探讨交流,全方位透视了信息技术对当今社会和企业的重大变革和潜在价值。武汉电子商务国际会议始于 2000 年,目前已经成为国际电子商务领域的两大学术会议之一,并成为国际学术界了解中国电子商务研究状况的主要窗口。

√ 中国信息管理夏季研讨会(CSWIM 2010)于 2010 年 6 月 19—20 日在武汉举行。此次会议将由华中科技大学管理学院主办。大会旨在推动国内外信息系统和信息管理方面学者的交流,促进信息系统和信息管理有关课题研究。参加本次会议的有前任 AIS 主席兼华中科技大学长江学者魏国基教授,CSWIM 顾问委员会主席兼香港城市大学赵建良教授,还有其他来自北美等地区的学者。参会学者结合信息管理相关研究,通过主题报告、分组专题论文交流和专题研讨会方式广泛深入地探讨了信息系统研究未来的方向,相互交流了研究经验。

√ 2010 年 6 月 28—30 日,2010 International Conference on Services Systems and Services (ICSSSM 2010)第七届服务系统和服务管理国际学术会议(ICSSSM 10)在位于日本东京的日本国家信息研究所举行,此次会议由 IEEE SMC 学会、清华大学现代管理研究中心和日本的北陆先端科学技术大学主办,北陆先端科学技术大学和东京工业大学承办。会议内容涵盖七个主题,包括服务科学的理论和原理、服务系统的运作和管理、供应链服务管理、服务营销和财务管理、面对服务实践的管理方法和技术、面向服务系统的信息技术与决策方法、服务管理的实践和案例研究等。此次会议吸引了来自中国大陆、日本、美国、加拿大、法国、德国、奥地利、中国台湾、中国香港、韩国、泰国等 20 个国家和地区近 200 名学者前来参加。会议共收到 362 篇投稿(全文),经过专家审稿后,最终总计录用论文 200 篇,论文集将正式出版并被 IEEE explore 数据库检索。作为服务管理及相关学科的具有国际一流水准的学术会议,服务系统和服务管理国际学术会议为从事服务系统和服务管理的研究及企业实践提供了一个高水平的交流平台,对于促进本领域学者的交流和合作以及对服务系统与管理领域的研究和发展具有重要的意义。

√ 2010 年 7 月 9—12 日,第十四届亚太信息系统大会(Pacific Asia Conference on Information Systems,PACIS 2010)在中国台北成功举办。PACIS 是国际信息系统学会(AIS)主办的三大区域性学术会议之一,代表了亚太地区管理信息系统研究的总体水平和学术前沿。本次会议由台湾大学承办,会议主题是“信息系统研究中的服务科学”(Service Science in Information Systems Research),同时关注 IT 治理、电子商务与移动商务、信息技术采纳与扩散、社会及组织因素对 IT/IS 影响等相关问题。AIS 主席 Joey F. George 教授(美国佛罗里达州立大学)、MISQuarterly 主编 Detmar Straub 教授(美国佐治亚州立大学)受邀作大会报告。

√ 2010 年 8 月 2—4 日,第九届关于计算智能的基础与应用 FLINS 国际会议(The 9th International FLINS Conference on Foundations and Applications of Computational Intelligence (FLINS 2010),http://sist.swjtu.edu.cn/FLINS 2010/)在峨眉山红珠山宾馆顺利召开。本次国际会议由西南交通大学主办,清华大学、电子科技大学、四川师范大学、西南财经大学、西南民族大学、西华大学、比利时国家核研究中心(Belgian Nuclear Research Centre (SCK·CEN),Belgium)、比利时根特大学(Gent University,Belgium)、澳大利亚悉尼科技大学(University of Technology,Sydney,Australia)等协办。会议得到国家自然科学基金委的资助和指导,同时也得到教育部国际合作与交流司等单位的大力支持与合作。本次国际会议吸引了来自中国、美国、加拿大、法国、英国、德国、澳大利亚、比利时、西班牙、土耳其、捷克、巴西、日本、韩国、巴基斯坦、卢旺达等 16 国家的 107 名专家学者,共录用论文 177 篇。会议组织了 18 场分组学术报告会(112 个报告)和 1 个张贴报告会(61 篇文章),与会者进行了广泛、深入的交流。本次大会的圆满召开,极大地促进了计算智能理论及应用的研究,同时也促进了中国与国际研究机构及大学广泛的交流、合作。

√ 海峡两岸信息管理发展与策略学术研讨会(CSIM 2010)于 2010 年 8 月 5—6 号在香港城市大学举行。会议主题为:"无处不在的电子商务:信息服务管理"。在这个信息技术在国际舞台越趋重要的年代,海峡两岸信息管理发展与策略学术研讨会(CSIM 2010)作为互动、交流专业意见及探讨如何利用信息技术活化整个地区的平台,将大中华地区的学者、专业人才、政策制定者和未来的学者及商业领袖聚集于一堂,共同分享了学术成果和研究经验。

√ 2010 年 12 月 19—21 日,2010 年国际电子商务智能会议(ICEBI 2010)在云南昆明举办。大会由信息系统协会中国分会(CNAIS)、清华大学主办,云南财经大学承办,并邀请了 Hsinchun Chen、Paul Hofmann、Vipin Kumar、Alexander、Tuzhilin、Christopher Westland 等国际信息系统领域知名的专家学者做大会报告。会议以"电子商务智能与企业竞争优势"为主题,旨在加强国内外学术界和企业界的交流,推动电子商务智能的理论创新及在企业的应用。

活动预告

√ 第十届武汉电子商务国际大会将于 2011 年 5 月 28—29 日在武汉举行。本届大会由中国地质大学(武汉)电子商务国际合作中心、中国地质大学(武汉)管理学院、美国 Alfred 大学商学院、美国国际商务交流公司主办,信息系统协会中国分会、中国信息经济学会基础理论专业委员会、德国海登海姆市巴登—符腾堡州州立合作大学、美国伊利诺理工斯图尔特商学院、华中科技大学管理学院、武汉大学商学院、武汉大学信息管理学院、武汉理工大学管理学院、《信息系统学报》、《管理学报》等国内外多个院所共同协办。

√ 2011 年 12 月 4—7 日,第三十三届国际信息系统大会(International Conference on Information Systems,ICIS 2011)将在中国上海举行。ICIS 是国际信息系统领域最重要的学术活动之一,每年举办一次,来自世界各地的学者将在会上交流最新的研究成果并研讨领域发展动向。2011 年的大会是 ICIS 首次在中国大陆地区举办。信息系统协会中国分会(CNAIS)的第四届全国大会(CNAIS 2011)也将同期于上海举行。

清华大学经济管理学院

　　正在发生迅速而深刻变化的中国呼唤着众多经济类、管理类英才。成立于1984年的清华大学经济管理学院,始终以"跻身世界一流经管学院之列,造就未来中国乃至世界范围的商业领袖,贡献学术新知,以推动民族经济的伟大复兴"为使命。历经26载的发展壮大,清华经管学院在学科水平、人才培养、科学研究和国际交流方面保持着国内领先水平,成为中国乃至亚洲地区最优秀的经济管理学院之一。

　　清华大学在经济管理方面的教育实践可以追溯到1926年经济系的设立。1928年陈岱孙教授担任经济系系主任。1952年国家高等学校院系调整时,经济系并入其他院校。1979年,为适应改革开放的需要,清华大学设立经济管理工程系。清华大学经济管理学院于1984年正式成立,朱镕基教授担任首任院长(任期:1984—2001年)。学院现任院长是钱颖一教授。

　　清华经管学院以培养适应建设有中国特色社会主义需要的经济和管理人才为宗旨,借鉴、引进国内外优秀经济管理学院的教学内容、方法和手段,不断改进教学工作、提高科研水平。国家改革开放政策的实行和经济的迅速发展,为经济管理教育的发展提供了良好的外部环境。建院二十多年来,学院规模逐渐壮大,各项工作稳步提高。

　　2007年至2008年2月间,清华经管学院连续获得国际商学院联合会(AACSB)认证、AACSB会计认证、欧洲管理发展基金会(EFMD)的EQUIS认证,成为目前中国内地率先获得AACSB和EQUIS两大全球管理教育顶级认证的商学院,也是亚太地区同时拥有这三项国际认证的三家商学院之一。

　　在教育部学位与研究生教育发展中心组织的全国一级学科评估中,清华大学工商管理学科整体水平排名第一,管理科学与工程学科整体水平排名第二。清华大学MBA教育项目在全国MBA教学合格评估中排名第一。

　　作为我国培养经济类、管理类精英人才的摇篮,清华经管学院拥有优秀的师资队伍。截至2009年11月,学院共有全职教师135人,其中教授45人,副教授53人,助理教授37人,119人在国内外一流大学获得博士学位。4位教授获聘教育部"长江学者特聘教授",5位国家杰出青年科学基金获得者。学院每年开设的经济与管理课程有340多门,每年聘请国内外知名学者、政府高官、企业领袖为学生举办的各类课外学术报告和专题讲座150余场。

　　学院具有完整的学科设置和人才培养体系,以培养具有中国情怀、全球视野的一流经济管理人才为目标。学院现有在校学生3 932人(截至2009年9月统计数据),其中本科生920人,研究生549人,工商管理硕士(MBA)学生1 427人,高级管理人员工商管理硕士(EMBA)1 036人,是国内最大的MBA和EMBA培养基地。另有经济学双学位本科学生432人。清华经管学院的毕业生是国内外咨询、会计、金融、信息等专业机构以及各类企业青睐的对象。

　　清华经管学院现有管理科学与工程系、金融系、经济系、会计系、企业战略与政策系、市场营销系、人力资源与组织行为系、技术经济与管理系等8个系,在管理科学与工程、工商管理、理论经济学、应用经济学等 4 个一级学科均有博士点。其中,管理科学与工程、工商管理、数量经济等 3 个学科是国家重点学科点。全国工商管理硕士(MBA)教育指导委员会的办事机构也设在清华经管学院。

　　管理科学与工程系是清华大学经济管理学院历史最为悠久的系之一。其前身为清华大学管理工程系,于 1979 年成立,并开始招收管理工程专业研究生,1980 年招收首届本科生。1984 年,经济管理工程系扩建为清华大学经济管理学院。1985 年,建立管理科学与工程博士后流动站。1986 年获得"系统工程"博士授予权。2001 年管理科学与工程学科被评为国家重点学科。管理科学与工程系现有在职全职教师 21 人,其中教授 6 人、副教授 8 人、讲师 7 人,并聘有多名国外资深学者担任访问教授。本系教师承担多项国家自然科学基金和部委的研究课题,同时也承担许多来自企业的研究课题。目前拥有电子商务实验室、软科学实验室、企业资源规划(ERP)实验室等多个开放式研究平台。主要研究方向包括管理信息系统、供应链管理、电子商务、企业信息化、复杂系统建模与决策、商务智能与决策支持系统、系统工程、数据模型与模糊信息处理、运筹学、优化模型、统计模型及其商业应用等。全系共有在读本科生、硕士生及博士生 200 余名。